中华文化风采录

杨宏伟 编著

珠宝

珍贵的

【昔日瑰宝工艺】

北方妇女儿童出版社

·长春·

图书在版编目（CIP）数据

珍贵的珠宝 / 杨宏伟编著. —长春：北方妇女
儿童出版社，2017.5（2022.8重印）
（昔日瑰宝工艺）
ISBN 978-7-5585-1050-2

Ⅰ．①珍… Ⅱ．①杨… Ⅲ．①宝石－介绍－世
界 Ⅳ．①TS933

中国版本图书馆CIP数据核字（2017）第103431号

珍贵的珠宝

ZHENGUI DE ZHUBAO

出 版 人	师晓晖	
责任编辑	吴　桐	
开　　本	700mm×1000mm　1/16	
印　　张	6	
字　　数	85千字	
版　　次	2017年5月第1版	
印　　次	2022年8月第3次印刷	
印　　刷	永清县晔盛亚胶印有限公司	
出　　版	北方妇女儿童出版社	
发　　行	北方妇女儿童出版社	
地　　址	长春市福祉大路5788号	
电　　话	总编办：0431-81629600	
定　　价	36.00元	

习近平总书记说："提高国家文化软实力，要努力展示中华文化独特魅力。在5000多年文明发展进程中，中华民族创造了博大精深的灿烂文化，要使中华民族最基本的文化基因与当代文化相适应、与现代社会相协调，以人们喜闻乐见、具有广泛参与性的方式推广开来，把跨越时空、超越国度、富有永恒魅力、具有当代价值的文化精神弘扬起来，把继承传统优秀文化又弘扬时代精神、立足本国又面向世界的当代中国文化创新成果传播出去。"

为此，党和政府十分重视优秀的先进的文化建设，特别是随着经济的腾飞，提出了中华文化伟大复兴的号召。当然，要实现中华文化伟大复兴，首先要站在传统文化前沿，薪火相传，一脉相承，弘扬和发展5000多年来优秀的、光明的、先进的、科学的、文明的和自豪的文化，融合古今中外一切文化精华，构建具有中国特色的现代民族文化，向世界和未来展示中华民族具有独特魅力的文化风采。

中华文化就是中华民族及其祖先所创造的、为中华民族世世代代所继承发展的、具有鲜明民族特色而内涵博大精深的优良传统文化，历史十分悠久，流传非常广泛，在世界上拥有巨大的影响力，是世界上唯一绵延不绝而从没中断的古老文化，并始终充满了生机与活力。

浩浩历史长河，熊熊文明薪火，中华文化源远流长，滚滚黄河、滔滔长江是最直接的源头，这两大文化浪涛经过千百年冲刷洗礼和不断交流、融合以及沉淀，最终形成了求同存异、兼收并蓄的辉煌灿烂的中华文明。

中华文化曾是东方文化的摇篮，也是推动整个世界始终发展的动力。早在500年前，中华文化催生了欧洲文艺复兴运动和地理大发现。在200年前，中华文化推动了欧洲启蒙运动和现代思想。中国四大发明先后传到西方，对于促进西方工业社会形成和发展曾起到了重要作用。中国文化最具博大性和包容性，所以世界各国都已经掀起中国文化热。

中华文化的力量，已经深深熔铸到我们的生命力、创造力和凝聚力中，是我们民族的基因。中华民族的精神，也已深深根植于绵延数千年的优秀文化传统之中，是我们的精神家园。但是，当我们为中华文化而自豪时，也要正视其在近代衰微的历史。相对于5000年的灿烂文化来说，这仅仅是短暂的低潮，是喷薄前的力量积聚。

中国文化博大精深，是中华各族人民5000多年来创造、传承下来的物质文明和精神文明的总和，其内容包罗万象，浩若星汉，具有很强的文化纵深感，蕴含丰富的宝藏。传承和弘扬优秀民族文化传统，保护民族文化遗产，已经受到社会各界重视。这不但对中华民族复兴大业具有深远意义，而且对人类文化多样性保护也有重要贡献。

特别是我国经过伟大的改革开放，已经开始崛起与复兴。但文化是立国之根，大国崛起最终体现在文化的繁荣发展上。特别是当今我国走大国和平崛起之路的过程，必然也是我国文化实现伟大复兴的过程。随着中国文化的软实力增强，能够有力加快我们融入世界的步伐，推动我们为人类进步做出更大贡献。

为此，在有关部门和专家指导下，我们搜集、整理了大量古今资料和最新研究成果，特别编撰了本套图书。主要包括传统建筑艺术、千秋圣殿奇观、历来古景风采、古老历史遗产、昔日瑰宝工艺、绝美自然风景、丰富民俗文化、美好生活品质、国粹书画魅力、浩瀚经典宝库等，充分显示了中华民族厚重的文化底蕴和强大的民族凝聚力，具有极强的系统性、广博性和规模性。

本套图书全景展现，包罗万象；故事讲述，语言通俗；图文并茂，形象直观；古风古雅，格调温馨，具有很强的可读性、欣赏性和知识性，能够让广大读者全面触摸和感受中国文化的内涵与魅力，增强民族自尊心和文化自豪感，并能很好地继承和弘扬中国文化，创造未来中国特色的先进民族文化，引领中华民族走向伟大复兴，在未来世界的舞台上，在中华复兴的绚丽之梦里，展现出龙飞凤舞的独特魅力。

天赐国宝——天然宝石

天然结晶——有机宝石

天然宝石

　　我国是世界上最早饰用宝石的古老国家之一，可追溯到新石器时代的早期。育玉品石是中华文化的重要组成之一，也是世界文化的重要组成部分。

　　我国也是世界上重要的宝石产地之一，宝石资源较为丰富，宝石种类繁多，并且有几千年的开采和利用的历史。在众多宝石中，最为贵重的是钻石。

　　除此之外，我国其他天然宝石也较丰富，主要有红宝石、蓝宝石、祖母绿、绿松石、碧玺、雨花石、翡翠、孔雀石、水晶、青金石、玛瑙、猫眼石等品种，各自不仅具有珍贵的价值，还蕴含有深刻的文化内涵。

宝石之王——钻石

　　远古时代的黄金开采主要靠淘洗砂金，人们在淘金过程中偶尔发现了其中杂有一些闪光的石子，这些石子无论怎样淘洗都不磨损，这就是金刚石，也就是人们所说的钻石。

天然金刚石

金刚之名，初见佛经，取义与金有关。《大藏法数》称："跋折罗，华言金刚，此宝出于金中。"金刚的含义是坚固、锐利，能摧毁一切。

文化是人类独特的标志，钻石具有独特的标志意义。自古以来，钻石一直被人类视为权力、威严、地位和富贵的象征。其坚不可摧、攻无不克、坚贞永恒和坚毅阳刚的品质，是人类永远追求的目标。它具有潜在的、巨大的文化价值。

■ 各种形状的钻石

在古老的传说中，钻石被人认为是天神降临时撒下的天水形成的，而钻石在梵文里是雷电的意思，所以人们又觉得钻石是由雷电所产生的，古代大多数人觉得钻石是陨落的星星的碎片，更有一部分人觉得那是天神的泪滴。

传说钻石的前世是一位勇猛无比的国王，他不仅出生纯洁，其平生所作所为光明磊落。当他在上帝的祭坛上焚身后，他的骨头便变成了一颗颗钻石的种子。

众神均前来劫夺，他们在匆忙逃走时从天上撒落下一些种子，这些种子就是蕴藏在高山、森林、江河中的坚硬、透明的金刚石。

我国的钻石文化历史悠久，如4件良渚文化和三星村文化发现的高度抛光的可以照出人影来的刚玉石斧，表明4000年前的古人很可能

■ 黄色钻石

已经使用了金刚石粉末来加工这些刚玉斧头。而其中最早的记载见于公元前1005年，在古代为我国玉雕文化的发展起到过重要作用。

据说，早在公元前300年前，在皇帝的御座上就有钻石镶嵌。钻石晶莹剔透、高雅脱俗，象征着纯洁真实、忠诚勇敢、沉着冷静、安静自如、稳如泰山。从那时起，人们把钻石看成是高尚品质的标志。

早在春秋时期老子所著《道德经》中，就有了关于钻石的文字记载，称"金刚"，文中说："金刚者不可损也……"

我国最早有关钻石的器物，如《列子·汤问》提到一种镶嵌有金刚石的辊铬之剑，和汉代"十洲记"提到的切玉刀也都镶有钻石。

切玉刀据说是天下最锋利的宝刃，也称"昆吾刀"。晋张华《博物志》记载："《周书》曰：西域献火浣布，昆吾氏献切玉刀。火浣布污则烧之则洁，刀切玉如�'"。

自汉以后，我国古书多有钻石的记载。《南史·西夷传》中说，"呵罗单国于南北朝宋文帝无嘉七年，遣使献金刚指环"。

南朝学者刘道荟著的《晋起居注》第一次阐述了金刚石与黄金的关系，该书记载：

《道德经》又称《道德真经》《老子》《五千言》《老子五千文》，是我国古代先秦诸子分家前的一部著作，为其时诸子所共仰，传说是春秋时期的老子即李耳所撰写，是道家哲学思想的重要来源。

咸宁三年，敦煌上送金刚石，生金中，百淘不消，可以切玉。

就是说，金刚石出自黄金，来自印度，可以切玉，怎么淘洗都不会消减，或者说怎么使用都不会磨损。这段记载不仅表明金刚石在古代为我国玉雕文化发展起到过重要作用，而且还包含了关于古代人类是如何发现金刚石的科学思想。

钻石作为首饰是唐玄奘取经后，通过丝绸之路传入我国的。

宋代陆游《忆山南》诗之二："打球骏马千金买，切玉名刀万里来。"

金元好问《赠嵩山侍者学诗》诗："诗为禅客添

陆游（1125年～1210年），南宋时期诗人。少时受家庭爱国思想熏陶，孝宗时赐进士出身。中年入蜀，投身军旅生活，晚年退居家乡。创作诗歌很多，今存九千多首，内容极为丰富。抒发政治抱负，反映人民疾苦，风格雄浑豪放；抒写日常生活，也多清新之作。

天赐国宝

天然宝石

■ 黑色钻石

钻石戒指

花锦，禅为诗家切玉刀。"

钻石还有一名字叫"金刚钻"，最早出现在唐玄宗李隆基撰《唐六典》中：

赤麖皮、瑟瑟、赤畦、琥珀、白玉、金刚钻……大鹏砂出波斯及凉州。

明代包括李时珍在内的一些学者在研究金刚石时发现，金刚石不但可切割玉石，还能在玉器或瓷器上钻眼。如据《本草纲目》记载："金刚石砂可钻玉补瓷，故谓之钻。"

大约在清代末年，金刚石就逐渐称为钻石了，其词义显然来自上述的"金刚钻"，两者在内涵和外延方面是相等的，即"金刚石"与"钻石"在含义上是一样的。

清朝道光年间，湖南西部农民在沅水流域淘金时先后在桃源、常德、黔阳一带发现了钻石。

与钻石相关的，有一个流传很久的蛇谷的故事。传说在一个山谷中，满地都是钻石，但是凡人是不可能轻易取到钻石的，因为有很多的巨蟒在守护着，就连看到巨蟒的目光都会死掉，更别说是取钻了。

有一个很有智慧的国王成功地取得了钻石，他利用镜子反光的原理让巨蟒都死在了自己的目光里。又把一些带着血腥的羊肉丢向山谷的钻石上，那样利用秃鹰捕食的时候抓住钻石飞向山顶的机会将秃鹰杀死，取得钻石。

与此类似的，在我国信仰伊斯兰教的民族中，流传着一个辛巴达以肉喂鸟，借鸟取钻的故事：

翡翠镶钻石珠链

辛巴达一个人本来过着神仙生活，但是他突然想去凡间走走，想体会一下凡人的世界，乘船任随风浪把他漂到了一个美丽的岛上。

当他走向溪谷的时候，看见满地都是钻石，但是要想安全路过甚至拿钻石没有那么容易，因为有很多巨蟒守候着。

这时候他学着曾经听过的"蛇谷"故事中的办法，把自己裹在肉块里面，在正午时分秃鹰就会抓起这块肉，也就等于带领辛巴达离开了安全的地带。

他就是借用了采钻者的方法，他们会把一些牲畜的肉撕烂从山顶撒在钻石上，那样秃鹰就会抓起沾满血腥的钻石飞回山顶，采钻者这时候就可以吓走秃鹰得到钻石。

在古代，金刚石的磨工只有极少数工匠才能掌握。不同地区的各个工匠磨出的钻石各式各样，差别很大。所以磨好的很多成品并不完全理想。

至清代，钻石多被应用于王宫贵族的首饰中。钻石首饰基本分为耳饰、颈饰、手饰、足饰和服饰5个大类。

耳饰包括耳钉、耳环、耳线、耳坠。项饰包括项链、吊坠、项圈。手饰包括戒指、手镯、手链。足饰包括：脚链、脚环。服饰专指

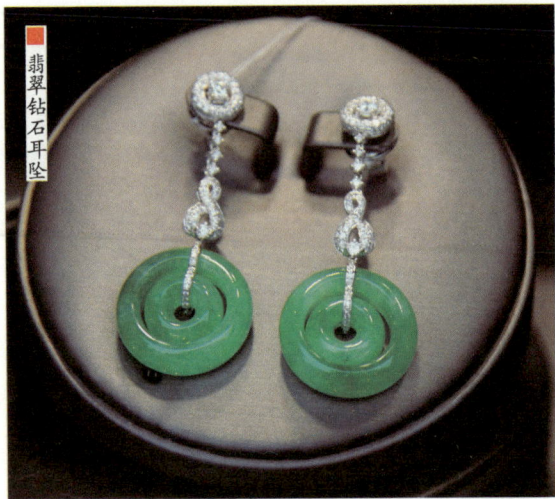

翡翠钻石耳坠

服装上的饰物，包括领花、领带夹、胸饰、袖扣。

如翡翠钻石珠链及耳坠一对，白色金属镶嵌，配镶钻石，粒径0.13厘米，链长43.1厘米，钻石与翡翠、白金交相辉映，殊为华贵。

再如翡翠镶钻石珠链，共用钻石3.8克拉，翡翠珠径仅0.35厘米至0.58厘米，翠色浓艳，钻色星光闪烁，精美异常。

而比较流行的戒指款式有翡翠卜方钻石戒指、翡翠蛋面钻石戒指、翡翠蟾蜍钻石戒指、翡翠卜方钻石及彩色钻石戒指等。

珍贵的珠宝

阅读链接

我国利用金刚石的历史非常悠久，但我国使用现代探矿手段和方法真正开始大规模寻找和开采金刚石的历史只有100年左右。

我国的金刚石探明储量和产量均居世界第十名左右，年产量20万克拉。我国于1965年先后在贵州省和山东省找到了金伯利岩和钻石原生矿床。

1971年在辽宁省瓦房店找到了钻石原生矿床。目前仍在开采的两个钻石原生矿床分布于辽宁省瓦房店和山东省蒙阴地区。钻石砂矿则见于湖南省沅江流域，西藏、广西以及跨苏皖两省的郯庐断裂等地。

辽宁省瓦房店、山东省蒙阴、湖南省沅江流域的钻石都是金伯利岩型，但湖南省尚未找到原生矿。其中辽宁省的质量好，山东省的个头较大。

玫瑰石王——红宝石

　　红宝石是一种名副其实的红宝石，是指颜色呈红色、粉红色的刚玉，它是刚玉的一种，又被称为玫瑰紫宝石，可见这种宝石的红色和玫瑰的红色有很大关系。

　　红宝石质地坚硬，硬度仅在钻石之下。而且这种血红色的红宝石最受人们珍爱，俗称"鸽血红"，这种几乎可称为深红色的、鲜艳的强烈色彩，更把红宝石的真面目表露得一览无余。它象征着高尚、爱情和仁爱。

　　相传，古代的武士在作战之前，有时会在身上割开一个小口，将一粒红宝石嵌入口内，他们认为这样可以达到刀枪不入的目的。

　　同时，由于红宝石弥

红宝石

■ 红宝石金牛

漫着一股强烈的生气和浓艳的色彩，以前的人们认为它是不死鸟的化身，对其产生了热烈的幻想。而且传说左手戴一枚红宝石戒指或左胸戴一枚红宝石胸针就有化敌为友的魔力。

我国《后汉书·西南夷传》就有对红宝石的记载："永昌郡博南县有光珠穴，出光珠。珠有黄珠、白珠、青珠、碧珠。"当时称其为"光珠"，表明在东汉时期就已辨识红、蓝宝石了。

而《后汉书·东夷列传》中称红宝石为"赤玉"，据记载，东汉时期，"扶余国，在玄菟北千里。南与高句丽、东与挹娄、西与鲜卑接，北有弱水。地方两千里，本濊地也……出名马、赤玉、貂豽，大珠如酸枣"。

扶余的起源地位于松花江流域中心，辽宁省昌图县、吉林省洮南县以北直至黑龙江省双城县以南，都

鲜卑族 我国北方阿尔泰语系游牧民族，其族源属东胡部落，兴起于大兴安岭山脉。先世是商代东胡族的一支，秦汉时从大兴安岭一带南迁至西剌木伦河流域，曾归附东汉。匈奴西迁后仅有其故地，留在漠北的匈奴10多万户均并入鲜卑，势力逐渐强盛。

是其国土，国运长达800年之久。

《后汉书·东夷列传》还记载："挹娄，古肃慎之国也。在夫馀东北千余里，东濒大海，南与北沃沮接，不知其北所极。地多山险，人形似夫余，而言语各异。有五谷、麻布，出赤玉、好貂。"

这里的"挹娄"是肃慎族系继"肃慎"称号后使用的第二个族称，从西汉至晋前后延续600余年，至5世纪后，改号"勿吉"。

在秦汉时期，挹娄的活动区域在辽宁东北部和吉林、黑龙江两省东半部及黑龙江以北、乌苏里江以东的广大地区内。南北朝时，挹娄势力开始衰落。

《汉武帝内传》中描述红宝石称"火玉"："戴九云夜光之冠，曳六出火玉之佩。"

唐人苏鹗在《杜阳杂编》中对"火玉"有着详尽的描述，而且这段描述颇具文学性：

武宗皇帝会昌元年，夫余国贡火玉三斗及松风石。火玉色赤，长半寸，上尖下圆。光照数十步，积之可以燃鼎，置之室内则不复挟纩，才人常用煎澄明酒。

红宝石饰品

我国古时称为"紫鸦乌"或"子牙乌"，是一组在青铜时代已经使用为宝石及研磨料的矿物。常见的石榴石主要为红色，但其颜色的种类十分多样，包括红、橙、黄、绿、蓝、紫、棕、黑、粉红及透明。其中最罕见的是蓝石榴石。

■ 红宝石簪子

"半寸"约是所贡火玉宝物的最大尺寸，这样的尺寸，带红皮的软玉、红玛瑙、红色石榴石或是黑曜石可以轻易超过。

形状为"上尖下圆"，表明具备良好的结晶形态，所以不可能是没有单晶形态的带红皮的软玉、红玛瑙或黑曜石，也不可能是圆珠或近似圆珠形状的红色石榴石，只能是红宝石。

"火玉三斗"表示至少有好几百枚，说明当时该种宝石的开采量不小。

"光照数十步"说明该宝物具备比较突出的反光能力，但也不排除有夸张的成分。"积之可以燃鼎，置之室内则不复挟纩，才人常用煎澄明酒"，就是说可以用它来煮饭、取暖、酿酒，这些都是对该种宝石赤红似火颜色的一种形象化的比喻和想象而已。

《旧唐书》记载："渤海本粟末靺鞨，东穷海西、契丹，万岁通天中，度辽水，后乃建国。地方五千里，尽得扶余、沃沮、卞韩、朝鲜、海北诸地。"

这里是说，古代的扶余在唐以后成为粟末靺鞨的一部。而粟末靺鞨就是粟末水靺鞨，居住于松花江流域。粟末靺鞨与居住在今黑龙江流域的黑水靺鞨，在我国史书上统一称作"靺鞨"。

而在靺鞨居住地域，就盛

产一种红色宝石，而且就以鞑靼族名命名。《本草纲目》中说"宝石红者，宋人谓之鞑靼"；《丹铅总录》中也说"大如巨栗，中国谓之'鞑靼'"。

宋代高似孙《纬略》引唐代《唐宝记》记载："红鞑靼大如巨栗，赤烂若朱樱，视之如不可触，触之甚坚不可破。"

内蒙古自治区通辽奈曼旗的辽代陈国公主墓中，发现了大量镶嵌素面红宝石的饰品。内蒙古自治区阿尔山玫瑰峰也发现有辽代贵族墓葬的素面红宝石。

这些发现说明：至少从辽代起，东北地区的红宝石就已得到开发。

明清两代，红、蓝宝石大量用于宫廷首饰，民间佩戴者也逐渐增多。著名的明代定陵发掘中，得到了大量的优质红、蓝宝石饰品。

清代著名的国宝金嵌珠宝金瓯永固杯上，镶有9枚红宝石。"金瓯永固"杯是皇帝每年元旦子时举行开笔仪式时的专用酒杯。夔龙状鼎耳，象鼻状鼎足，杯体满錾宝相花，并以珍珠、红宝石为花心。杯体一面錾刻"金瓯永固"4字。

慈禧太后极喜爱红宝石，其皇冠上有石榴瓣大小的红宝石。她死后，殉葬品中有红宝石朝珠一对，红宝石佛27尊，红宝石杏60枚，红宝石枣40枚，其他各种形状的红、蓝宝石首饰与小雕件3790件。

清代亲王与大臣等官衔以顶戴宝石种类区分。其中亲王与一品官为红宝石，蓝宝石是三品官的顶戴标记。

一种传说认为戴红宝石首饰的人会健康长寿、爱情美满、家庭和谐、发财致富；另一种传说认为左胸佩戴一枚红宝石胸饰或左手戴一枚红宝石戒指可以逢凶化吉、变敌为友。

山东省昌乐县发现一颗红、蓝宝石连生体，重67.5克拉，被称为"鸳鸯宝石"，称得上是世界罕见的奇迹。

另外，在黑龙江省东部牡丹江流域的穆棱和宁安两地的残积坡积砂矿中发现有红宝石和蓝宝石，其中的红宝石呈现紫红、玫瑰红、粉红等颜色，质地明净，透明度良好，呈不规则块状，最大的超过1克拉。

阅读链接

2000年，红色石榴石矿在玫瑰峰附近的哈拉哈河上游地区被发现。2001年，中科院地质与地球物理研究所的刘嘉麒院士与他带领的火山科考队来此开启了阿尔山火山科学宝库和相关红宝石矿床研究的大门。

哈拉哈河发源于阿尔山市的摩天岭北坡，属于黑龙江上游的额尔古纳河水系，但在地理位置上与嫩江流域完全接壤，与古代扶余国、挹娄国出产火玉的地理位置基本一致。

宝石奇葩——祖母绿

祖母绿被称为"绿宝石之王",是相当贵重的宝石,其颜色浓艳,纯正而美丽,是其他绿色宝石都无法与之相比的。因其特有的绿色和独特的魅力,以及神奇的传说,从它被发现之日即深受人们的喜爱。

一般说,好翠是艳绿、鲜绿等色调。而祖母绿则稍许深暗点儿,色调不带"倾向",透明深邃,以青翠悦目的色调备受世人喜爱,被誉为五月诞生石,象征仁慈、信心、善良和永恒。

祖母绿很难找得到无瑕的宝

祖母绿原矿

珍贵的珠宝

石。实际上，可以说祖母绿宝石中一定多少有裂缝及内含物，其裂缝内含物种类复杂。

祖母绿的历史和其他许多珍贵宝石一样，久远而丰富多彩，传说耶稣最后晚餐时所用的圣杯就是用祖母绿雕制成的。

《圣经》中也提到了祖母绿，其《所罗门歌》称：

耶路撒冷的妇儿们，这是我的所爱，这是我的朋友！他的双手如同绿宝石装饰的金环。

据历史记载，早在6000多年前，市场上就有祖母绿出售。当时古巴比伦的妇女们特别喜欢佩戴祖母绿饰物，被称为"绿色的石头"和"发光的石头"，还有人把它献于神话中的女神像前。

我国古代的祖母绿是从波斯经"丝绸之路"传入的，汉语的"祖母绿"一词也是由波斯语翻译过来的。

元代陶宗仪的《辍耕录》中的"助木剌"，即指祖母绿。

"祖母绿"之译法，最早见于明永乐年间，与郑和同下西洋的巩珍《西洋番国志》记载："忽鲁谟厮

■ 祖母绿翡翠项链

国"条："其处诸番宝物皆有，如祖母碧、祖母绿……"

与巩珍、郑和同下西洋的马欢所著《瀛涯胜揽》中《忽鲁谟斯国》记载："此处各番宝货皆有，更有祖母碧、祖母喇。"

后在王实甫的《西厢记》中开始被译为祖母绿，并由此固定下来，后世相延。

明代冯梦龙《警世通言》中"杜十娘怒沉百宝箱"，其百宝箱中就有祖母绿这种珍贵宝石：

■ 祖母绿原石

杜十娘又命李甲打开第三只抽屉，箱内皆是荧光玉润的珍珠、钻石，无法估价，杜十娘拿出一串夜明玉珠，孙富早已惊呼："不要扔了，不要扔了，这是千两银子也买不到的呀！"

杜十娘拉过李甲仔细看过："若将此珠献给你家母亲大人，她可会拉我到身边，叫我一声'儿媳'！"

李甲顿足痛哭，悔恨交加，杜十娘又将珍珠抛入江内。再开抽屉，又是满满的一屉猫儿眼、祖母绿等奇珍异宝，李甲抱住十娘双腿，痛哭流涕："十娘有此宝物，事情即可挽回！"

郑和（1371年~1433年），原名马三保，明朝伟大的航海家。1381年冬，明军进攻云南，10岁的马三保受宫成为太监，后进入朱棣的燕王府。他在靖难之变中，为朱棣立下战功。1404年，明成祖朱棣认为马姓不能登三宝殿，因此在南京御书"郑"字赐马三保郑姓，并改名为"和"。

祖母绿宝石

珍贵的珠宝

另外，《明史·食货志》中也有记载："世宗时，猫儿眼，祖母绿，无所不购。"

明嘉靖期间，胡侍《墅谈》中《祖母绿》记载："祖母绿，即元人所谓助木剌也，出回回地面，其色深绿，其价极贵。"

弘治间宋诩《宋氏家规部》称祖母绿为"锁目绿"。

明、清两代帝王尤喜祖母绿。明朝皇帝把它视为同金绿猫眼一样珍贵，有"礼冠需猫睛、祖母绿"之说。明万历帝的玉带上镶有一特大祖母绿，明代十三陵的定陵发现大量宝石中也有不少是祖母绿。

祖母绿宝石

清代王朝的遗物中不乏珍贵的祖母绿宝石，如清代中期制成的"穿珠梅花"盆景中就装饰有3颗祖母绿及其他宝石300多颗。

该盆景全称为"银镀金累丝长方盆穿珠梅花盆景"，清造办处造，通高42厘米，盆高19.3厘米，盆径18.5厘米至24厘米。

银镀金累丝长方形盆，盆口沿垂嵌米珠如意头形边，每个小如意头中又嵌红宝石。盆壁累丝地上饰烧蓝花叶纹和各式开光，烧蓝花叶上又嵌以翡翠、碧玺、红宝石做的果实、花卉等图案，开光内则以极细小的米珠、珊瑚珠和祖母绿等宝石珠编串成各式花卉图案。

■ 祖母绿戒指

盆上以珊瑚、天竹、梅花组成"齐眉祝寿"景致，银累丝点翠的山子上满嵌红、蓝、黄等各色宝石。山子后植蓝梅树、珊瑚树和天竹，梅树上以大珍珠、红宝石、蓝宝石穿成梅花，天竹为缠金丝干，点翠叶，顶端结红珊瑚珠果，纤秀华丽。

此盆景镂金错玉，穿珠垒银，遍铺宝石，特别是一树梅花珠光宝气，共用大珍珠64颗，红蓝宝石216颗，精雕细作，鬼斧神工，令人目眩。

清代人还能通过识别祖母绿的瑕疵，从而据此对真假祖母绿进行鉴定，如《清秘藏》就提出："祖母绿，一名助木绿，以内有蜻蜓翅光者算。"这蜻蜓翅即为后来所说的祖母绿的包裹体。

《博物要览》也明确提出祖母绿"中有兔毫纹"者始为真品。如清宫祖母绿宝石，高1.26厘米，长1.9

如意 系指一种器物，其柄端作手指形，用以搔痒，可如人意，因而得名。也有柄端呈心字形的。以骨、角、竹、木、玉、石、铜、铁等制成，长1米左右，古时持以指划。近代的如意，长不过一二尺，其端多作芝形、云形，不过因其名吉祥，以供玩赏而已。

■ 镶矿石中的祖母绿

厘米，宽1.4厘米，重26.48克拉。祖母绿宝石翠绿色，玻璃光泽，采用阶式变型切磨技术成型。

　　清朝末期，慈禧太后死后所盖的金丝锦被上除镶有大量珍珠和其他宝石外，也有两颗各重约5钱的祖母绿，可谓祖母绿中的珍品。

阅读链接

　　祖母绿往往与传奇乃至迷信的色彩联系在一起，所构成的祖母绿文化同样既丰富又迷人。祖母绿从被人类发现开始，便被视为具有特殊的功能，它能驱鬼避邪，还可用来治疗许多疾病，如解毒退热、解除眼睛疲劳等。

　　而恋人们则认为它具有揭示被爱者忠诚与否的魔力。它是一种具有魔力的宝石，它能显示"立下誓约的恋人是否保持真诚。恋人忠诚如昨，它就像春天的绿叶。要是情人变心，树叶也就枯萎凋零"。

　　更神奇的是，据说祖母绿可使修行者具有预见能力，持有者在受骗时，祖母绿会改变颜色，发出危险的信号。总之，在祖母绿身上，往往弥漫着神秘的色彩，令人心动神往。

宝石之祖——绿松石

我国早在旧石器时期，人们就开始利用石质装饰物来美化自己的生活。新石器中晚期，出现了大量的石质工具、玉器和宝玉石工艺品，如用岫玉、绿松石等制成珠、环、坠、镯等。

绿松石简称"松石"，因其形似松球而且色近松绿而得名，而且绿松石颜色有差异，多呈天蓝色、淡蓝色、绿蓝色、绿色。

绿松石质地不很均匀，颜色有深有浅，甚至含浅色条纹、斑点以及褐黑色的铁线。致密程度也有较大差别，孔隙多者疏松，少者致密坚硬。抛光后具柔和的玻璃光泽至蜡状光泽。

绿松石犹如上釉的瓷器为最优。如有不规则的铁线，则其品质就较差

商代绿松石牌饰

绿松石扣串

了。白色绿松石的价值较之蓝、绿色的要低。在块体中有铁质"黑线"的称为"铁线绿松石"。

如在河南省郑州大河村距今6500年至4000年的仰韶文化遗址中，就有两枚绿松石鱼形饰物。

甘肃省临夏回族自治州广河县齐家文化遗址发现有嵌绿松石兽面玉璜，长36.6厘米，高6.7厘米，厚0.8厘米。玉料呈黛绿色，由和田墨玉制成，单面琢孔，璜呈弯月形，以减地手法镶嵌绿松石，留底构成兽面之轮廓。

上镶两圆绿松石为目，眼眶为璜之留底。山字形留底为嘴之外形，内镶不规则方形绿松石。四边留底为边框，孔为单面开孔，因长期佩戴孔已磨损为斜孔。此玉璜上镶嵌之绿松石彼此间可谓严丝合缝，密不透风。这样的工艺真是令人匪夷所思。

产自湖北省鄂西北的绿松石，古称"荆州石"或"襄阳甸子"。湖北绿松石产量大，质量优。

如云盖山上的绿松石以山顶的云盖寺命名为"云盖寺绿松石"，是世界著名的我国松石雕刻艺术品的原石产地。此外。江苏、云南等地也发现有绿松石。

河南省偃师二里头为我国夏代都城所在地，在这里

嵌绿松石饕餮纹罍

发现有绿松石龙形器，由2000余片绿松石片组合而成，每片绿松石的大小仅有0.2厘米至0.9厘米，厚度仅0.1厘米左右。

另外还有嵌绿松石铜牌饰、青铜错金嵌绿松石獏尊等。也均为夏朝时期的绿松石重要器物。

如夏代嵌绿松石饕餮纹牌饰，通高16.5厘米，宽11厘米，盾牌形。它是先铸好牌形框架，然后有数百枚方圆或不规则的绿松石粘嵌成突目兽面。

这件牌饰位于死者胸前，很可能是一件佩戴饰品。是发现最早也是最精美的镶嵌铜器，可以说它的发现开创了镶嵌铜器的先河。

商代妇好墓中发现有嵌绿松石象牙杯，杯身用中空的象牙根段制成，因料造型，颇具匠心。侈口薄唇，中腰微束，切地处略小于口。

通体分段雕刻精细的饕餮纹及变形夔纹，并嵌以绿松石，做头上尾下的夔形，加饰兽面和兽头，也嵌以绿松石，有上下对称的小圆榫将其与杯身连接。

形制和体积略同的嵌绿松石象牙杯共有两件。高30.5厘米，用象牙根段制成，形似现侈口薄唇，中腰微束。杯身一侧有与杯身等高的夔龙形把手，雕刻精细的花纹而且具有相当的装饰性，上下边口为两条素地宽边，中间由绿松石的条带间隔。

仰韶文化 黄河中游地区大约在公元前5000年至公元前3000年左右重要的新石器时代文化。仰韶文化是我国先民所创造的重要文化之一，神农氏时代结束以后，黄帝、尧、舜相继起来，一些传说在仰韶文化遗址中大致有迹象可寻，因之推想仰韶文化当是黄帝族的文化。

■ 商代嵌绿松石兽面纹戈

戈是商周兵器中最常见的一种，古称"钩兵"，是用于钩杀的兵器。其长度根据攻守的需要而不同，所谓"攻国之兵令人欲短，守国之兵欲长"。

如商代嵌绿松石兽面纹戈，长40厘米，戈的援宽大而刃长，锋较尖，末端正背两面皆以绿松石镶嵌兽面纹；胡垂直，而且短；内呈弧形，上有一圆穿，末端正背两面皆浅刻兽面纹。

陕西省宝鸡市南郊益门村有两座春秋早期古墓，其中一座墓发现了大批金器、玉器、铁器、铜器，还有一些玛瑙、绿松石串饰。

其中绿松石串饰一组，共40件，均为自然石块状，不见明显加工痕迹，大小形状不一，均有钻孔。颜色比较均匀，娇艳柔媚，质地细腻、柔和，有斑点以及褐黑色的铁线，以翠绿、青绿色为主，间有墨绿色斑。最大者长3.8厘米，宽2.9厘米；最小者长0.7厘米，宽0.6厘米。

另外，河南省汲县山彪镇发现的战国早期嵌绿松石云纹方豆，盖上为捉手，面做四方形。足扁平。通体饰云纹，杂嵌绿松石。汲县山彪镇为魏国

■ 嵌绿松石铜带钩

珍贵的珠宝

墓地。还有发现于长清岗辛战国墓的一件铜丝镶绿松石盖豆，通高27.5厘米，口径18.5厘米。为礼器。

半球形盘，柄上粗下细，下承扁圆形足。盘上有覆钵形盖，盖上有扁平捉手，却置即为盘足。通体饰红铜丝与绿松石镶嵌而成的几何勾连雷纹。

带钩，是古代贵族和文人武士所系腰带的挂钩，带扣是和带钩相合使用的，多用青铜铸造，也有用黄金、玉等制成的。工艺技术相当考究。

有的除雕镂花纹外，还镶嵌绿松石，有的在铜或银上鎏金，有的在铜、铁上错金嵌银，即金银工艺。带钩起源于西周，战国至秦汉广为流行。魏晋南北朝时逐渐消失。

如湖南省长沙发现的战国金嵌绿松石铜带钩，长17.5厘米，宽0.2厘米。为腰带配件。钩身扁长，钩颈窄瘦，鸭形首。背部饰云纹金，镶嵌绿松石。

秦汉时的墓中，开始发现有各种镇墓兽随葬，而且其中有些就镶嵌着绿松石。这种怪兽是青铜雕塑的神话中动物形象，为龙首、虎颈、虎身、虎尾、龟足，造型生动。

如镶绿松石怪兽，高0.48米，身上镶嵌有绿松石，并有浮雕凤鸟纹、龙纹、涡纹等图案。怪兽头上长有多枝利角，口吐长舌，面目可怖。在主体怪兽脊背

025

天赐国宝

天然宝石

■ 铜丝镶绿松石盖豆

镂雕 亦称镂空、透雕。指在木、石、象牙、玉、陶瓷体等可以用来雕刻的材料上透雕出各种图案、花纹的一种技法。距今5000年前的新石器时代晚期，陶器上已有透雕圆孔为饰。汉代到魏晋时各式陶瓷香熏都有透雕纹饰。

■ 祖母绿狮子

上有一方座，座上支撑又一小型怪兽，小型怪兽口衔一龙，龙昂首，做挣扎状。

唐代是我国铜镜发展最为繁盛的时期，上面也经常用绿松石加以点缀，使铜镜更显精美。

如唐代镶绿松石螺钿折枝花铜镜，直径20.5厘米，圆形，素缘，圆钮，钮外用螺钿饰有一圈联珠纹，整体图案用螺钿雕刻成折枝花样镶嵌于镜背之上，中间镶嵌有绿松石。镜面大，图案饱满，工艺精湛，为难得一见的唐代螺钿纹铜镜。

至明代，绿松石被广泛应用于各种首饰用品之上，如南京太平门外板仓徐辅夫人墓发现的正德十二年嵌绿松石花形金簪，长11.5厘米，簪首直径3.8厘米。金质。簪针呈圆形。

簪顶做花形，用金丝绕出6个花瓣，中间有一圆形金托，金托周围以金丝做出花蕊，托内嵌一绿松石。

清代时期，我国称绿松石为天国宝石，视为吉祥幸福的圣物，经常镶嵌于各种日常器物上。

如清中期铜鎏金嵌绿松石缠枝西番莲纹香熏，高17厘米，香熏通体以贴金丝为地，嵌绿松石、珊瑚组成图案。

自口沿至胫部分别以为缠枝花卉纹、莲瓣纹、缠枝西番莲纹、如意纹等装饰，两兽耳鎏金。盖部透雕缠枝花卉纹，盖纽镂雕云蝠图案。全器纹饰华丽，颜色绚丽夺目，工艺精湛，为清代宫廷用器。

清代鼻烟开始流行，各种鼻烟壶也应运而生，其中就多有用珍贵的绿松石制成的。

如清代绿松石山石花卉鼻烟壶，通高6厘米，腹宽4.8厘米。烟壶为绿松石质地，通体为蓝绿色，间有铁线斑纹。扁圆形，扁腹两面琢阴线山石花卉，并在阴线内填金。烟壶配有浅粉色芙蓉石盖，内附牙匙。

嘎乌是清代的宗教用具，"嘎乌"为藏语音译，多指挂在项上的或背挎式的佛盒饰物。嘎乌内大多装有佛像、护法神像或护身符。实为随身携带的佛龛。

嘎乌的质地有金质、银质、铜质等金属嘎乌，也有木质的。

如乾隆金嵌绿松石嘎乌，又称"佛窝"，通高13.5厘米，厚度3.2厘米。是一件用纯金镶嵌绿松石、青金石的嘎乌，内装有一尊密宗佛像。龛盒上用錾刻工艺

密宗 又称为真言宗、金刚顶宗、毗卢遮那宗、秘密乘、金刚乘。统称为"密教"。8世纪时印度的密教，由善无畏、金刚智、不空等祖师传入我国，从此修习传授形成密宗。此宗以密法奥秘，不经灌顶，不经传授不得任意传习及显示给别人，因此称为密宗。

■ 绿松石雕刻成的人物像

珍贵的珠宝

■ 绿松石雕刻的摆件

仙鹤 寓意延年益寿。在古代是一鸟之下，万鸟之上，仅次于凤凰。明清一品官员的官服编织的图案就是"仙鹤"。同时鹤因为仙风道骨，为羽族之长，自古被称为"一品鸟"，寓意第一。仙鹤代表长寿、富贵。传说它享有几千年的寿命。仙鹤独立，翘首远望，姿态优美，色彩不艳不娇，高雅大方。

饰有精美的花纹等。

在古代人们把它与宗教联系在一起。西藏对绿松石格外崇敬，蒙藏地区喜欢把绿松石镶嵌在配刀、帽子、衣服上，是神圣的装饰用品，用于宗教仪式。

优质绿松石主要用于制作弧面形戒面、胸饰、耳饰等。质量一般者，则用于制作各种款式的项链、手链、服饰等。

块度大者用于雕刻工艺品，多表现善与美的内容，如佛像、仙人、仙鹤、仙女、山水亭榭、花鸟虫鱼、人物走兽等。

自古以来，绿松石就在西藏占有重要的地位。它被用于第一个藏王的王冠，用作神坛供品以及藏王向居于高位的僧人赠送的礼品及向邻国贡献的贡品，古代拉萨贵族所戴的珠宝中，金和绿松石是主要的材料。

许多藏人颈脖上都戴有系上一块被视为灵魂的绿松石的项链。一个古老的传说记叙了绿松石和灵魂之间的关系：根据天意，藏王的臣民不许将任何一块绿松石丢进河里，因为那样做灵魂也许会离开他的躯体而使之身亡。

绿松石也常被填嵌在金、银、铜器上，其颜色相互辉映，美丽且富有民族特色。藏族和蒙古族同胞尤其喜爱镶嵌绿松石的宝刀、佩饰等。

另外，许多藏人都将绿松石用于日常发饰。游牧妇女将她们的头发梳成108瓣，瓣上饰以绿松石和珊瑚。对藏南的已婚妇女来说，秀发上的绿松石珠串是必不可少的，它表达了对丈夫长寿的祝愿，而头发上不戴任何绿松石被认为是对丈夫的不敬。

一方面蓝色被视为吉利，并把许多特别的权力归因于这一蓝色或带蓝色的宝石。而且，绿松石碎屑除可以做颜料，藏医还将绿松石用作药品、护身符等圣品。

大多数藏族妇女还佩戴将绿松石串珠与其他贵重物品如珊瑚、琥珀、珍珠等一起制成的项链。

有的妇女以戴一颗边上配两颗珊瑚珠的长7厘米的绿松石块为荣。戴上这一件珠宝，对外出经商的丈夫来说，意味着身家安全。

男性的饰物则比较简化，通常用几颗绿松石珠子与珊瑚穿在一起围在脖子上，或在耳垂上用线系上一颗绿松石珠。

在喜马拉雅地区西部，绿松石和其他一些贵重物件被直接缝在女人的衣裙或儿童的帽

贡品 贡品文化是集物质和非物质文化于一体的我国特有的文化遗产。贡者，名、特、优也。贡品多为全国各地或品质优秀、或稀缺珍罕、或享有盛誉、或寓意吉祥的极品和精华。在历史演进的过程中逐步形成了贡品文化，包括制度、礼仪、生产技艺、传承方式、民间传说故事等。

■ 绿松石

珍贵的珠宝

■ 藏族绿松石耳饰

上。有时整个外衣的前襟都装饰上金属片、贝壳、各种材料的珠子、扣子和绿松石。据说孩子帽上的绿松石饰物还有保护孩子灵魂的作用。

同时，一些西藏同胞相信戴一只镶绿松石的戒指可保佑旅途平安。梦见绿松石意味着吉祥和新生活的开始。戴在身上的绿松石变成绿色是肝病的征兆，也有人说这显示了绿松石吸出黄疸病毒的功能。

护身符容器在当时的西藏更成为一种重要的珠宝玉器。每一个藏民都有一个或几个这种容器来装宗教的书面文契，从居于高位的僧人衣服上裁下的布片或袖珍宗教像等保护性物件。

这种容器可以是平纹布袋，但更多的是雕刻精巧的金银盒，而且很少不带绿松石装饰。

有时居中放一块大小适当的绿松石，有时将许多无瑕绿松石与钻石、金红石和祖母绿独到地排列在黄金祖传物件上。

特别值得一提的是，在拉萨地区和西藏中部，流行一种特殊类型的护身器：在菩萨像及供奉此像之地的曼荼罗形盒，上有金银的两个交叉方形，通常在整个盒上都镶饰有绿松石。

西藏的任何一件珠宝玉器都可能含有绿松石。金、银或青铜和白铜戒指上镶绿松石是很常见的。有一种很特别的戒指呈典型的鞍形，通常很大，藏族男人将它戴在手上或头发上，女人则喜欢小戒指。

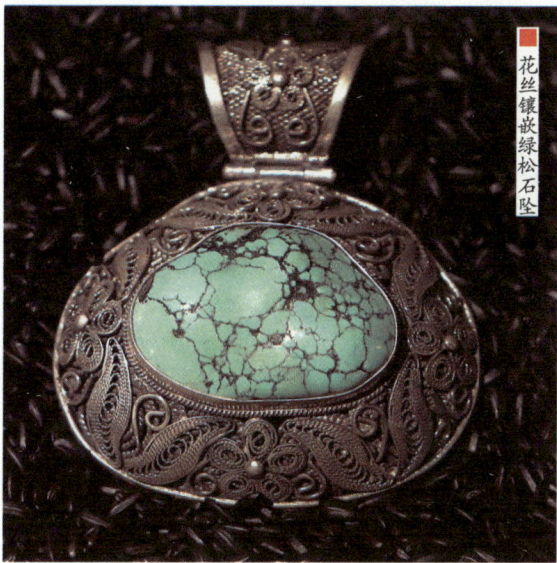

不管是哪个西藏群体，女人还是男人，都喜爱耳坠。女人的耳坠成对穿戴，而男人只在左耳戴一只耳坠。拉萨的贵族戴的耳坠令人望而生畏，一种用金、绿松石和珍珠制成的大型耳坠一直从耳边拖到胸部。

西藏中部的妇女在隆重场合戴的一种花形耳饰，整个表面都布有绿松石。称之为"耳盾"也许更合适，因这些耳饰被小心地安置在耳前，并结在头发上或发网上。

其他还有许多饰物都装饰有绿松石，如带垂和链子、奶桶钩、围裙钩、胸饰、背饰、发饰和金属花环等。

阅读链接

在我国各民族中，绿松石用得最多的，要数藏族人民。

基本上每个藏民都拥有某种形式的绿松石。在西藏高原上，人们认识绿松石由来已久。

西藏文化特征是明显的，从诸多方面显现了其辉煌的成就，至今仍燃烧着不灭的火焰。绿松石，作为这一文化特征的一部分，对西藏人来说是一种希望，不可避免的变化仍将给西藏绿松石的魂与美留下一席之地。

色彩之王——碧玺

碧玺

碧玺拥有自然界单晶宝石中最丰富的色彩，可称为"色彩之王"，自古以来深受人们喜爱，被誉为"十月生辰石"。

碧玺在我国备受推崇，碧玺在古籍《石雅》中出现时有许多称谓，文中称：

碧亚么之名，中国载籍，未详所自出。清会典图云：妃嫔顶用碧亚么。滇海虞衡志称：碧霞碧一曰碧霞玼，一曰碧洗；玉纪又做碧霞希。今世人但称碧亚，或而在之后的历代记载中，也可找到称为"砒硒""碧玺""碧霞希""碎邪金"等之称呼。

相传，谁如果能够找到彩虹的落脚点，就能够找到永恒的幸福和财富，彩虹虽然常有，却总也找不到它的起始点。

1500年，一支勘探队发现一种宝石，闪耀着七彩霓光，像是彩虹从天上射向地心，沐浴在彩虹下的平凡石子在沿途中获取了世间所囊括的各种色彩，被洗练得晶莹剔透。

不是所有的石子都有如此幸运，这藏在彩虹落脚处的宝石，被后人称为"碧玺"，也被誉为"落入人间的彩虹"。

1703年的一天，海边有几个小孩玩着航海者从远方带回的碧玺，惊讶地发现这些石头除在阳光底下能放射出奇异色彩外，还有一种能吸引或排斥轻物体如灰尘或草屑的力量，因此，将碧玺叫作"吸灰石"。

碧玺的碧是代表绿色，"玺"是帝王的象征，可见碧玺作为宝石的称谓可能源于皇家。

碧玺谐音"避邪"，寓意吉利，在我国清代皇宫

■ 碧玺翡翠项链

玺 是我国古代印章最早的名称。秦以前，无论官印私印都称为"玺"。自秦代以后专指帝王的印，其材料用玉，臣民只称"印"，而且不能用玉。汉代基本沿袭秦制，但制度已略有放宽，也有诸侯王、王太后称为"玺"的。

珍贵的珠宝

中，存有较多的碧玺饰物。

碧玺的颜色有数种，其中最享盛名的是双桃红，红得极为浓艳；其次是单桃红，稍次于双桃红。桃红色是各种碧玺中身价最高者；其他还有深红色、紫红色、浅红色、粉红色等。

红色碧玺是粉红至红色碧玺的总称。红色是碧玺中价值最高的，其中以紫红色和玫瑰红色最佳，有红碧玺之称，在我国有"孩儿面"的叫法。但自然界以棕褐、褐红、深红色等产出的较多，色调变化较大。

绿色碧玺，黄绿至深绿以及蓝绿、棕色碧玺的总称，显得很富贵、精神。其通灵无瑕、较为鲜艳者，甚至可与祖母绿混淆。

蓝色碧玺为浅蓝色至深蓝色碧玺的总称。

多色碧玺，常在一个晶体上出现红色、绿色的两色色带或三色色带；色带也可依Z轴为中心由里向外形成色环，内红外绿者称为"西瓜碧玺"。

另外从外观上看，还有碧玺猫眼，石中含有大量平行排列的纤维状、管状包体时，磨制成弧面形宝石时可显示猫眼效应，被称为"碧玺猫眼"。

变色碧玺为变色明显的碧

玺，但罕见。

在清代，碧玺是一品和二品官员的顶戴花翎的材料之一，也用来制作他们佩戴的朝珠。

碧玺也是清朝慈禧太后的最爱，如有一枚硕大的桃红色碧玺带扣称之为清代碧玺中极品，带扣为银累丝托上嵌粉红色碧玺制成，此碧玺透明而且体积硕大，局部有棉绺纹。

银托累丝双钱纹环环相套，背后银托上刻有小珠文"万寿无疆""寿命永昌"，旁有"鸿兴""足纹"戳记，中间为细累丝绳纹双"寿"与双"福"，此碧玺长5.5厘米，最宽5.2厘米，碧玺中当属透明且桃红为珍品，在清朝时期更显珍贵。

据记载，慈禧太后的殉葬品中，有一朵用碧玺雕琢而成的莲花，重量为36.8两，约5092克以及西瓜碧玺做成的枕头。

由于碧玺性较脆，在雕琢打磨过程中容易产生裂隙，因此，自古以来能成型大颗的碧玺收藏品非常难得。

碧玺玉坠

阅读链接

据说碧玺还素有旺夫石之称，妇女佩戴碧玺可增强其与家人的和谐关系，理智处理家庭事务，与古人相夫教子的理想女性形象相呼应。固有旺夫之说，尤其是藏银莲花心经碧玺，其旺夫效果更佳。

由于碧玺的颜色多种鲜艳，所以可以很轻易地使人有一种开心喜悦及崇尚自由的感觉，并且可以开阔人们的心胸及视野。

石中皇后——雨花石

雨花石也称"文石""幸运石"，主要产于江苏省南京及江苏省仪征月塘一带。以其色彩斑斓、玉质天章、小巧玲珑、纹理奇妙、包罗万象、诗情画意著称于世，被誉为"天赐国宝"。

300万年前，喜马拉雅山脉强烈隆起，长江流域的西部进一步抬升，由唐古拉山各拉丹冬雪岭冰川因日照、风化、水流融化作用而形成的冰融水，从涓涓细流，千涧百溪，最终汇成汹涌波涛，冲出青藏高原，切开巫山绝壁，使东西古长江相互贯通。

从此长江犹如一条银龙，咆哮翻滚，拍打着悬崖峭壁，冲击着崎岖乱石，历经6300千米，一

雨花石"一枝梅"

路向东海奔来。而在这过程中，鱼龙混杂，泥沙俱下，至下游平坦地带南京段，便逐渐淤积下来，形成雨花台砾石层，雨花石便是其中之一员。

如南京的夏代遗址中，就发现76枚天然花石子，即雨花石，分别被随葬在许多墓葬中，每个墓中放两三枚雨花石子不等，有的雨花石子放在死者口中。

■ 雨花石"千枝腊梅"

据说夏代造璇宫，其所用石子是雨花玛瑙，雨花石用之于美化环境，这是第一次。这是已知关于雨花石文化的最早实证，证明在新石器晚期的夏商时代，雨花石已经被当作珠宝而珍藏。

继夏代之后雨花石在春秋时代已作为贡品进入宫廷。我国著名的思想家、教育家、儒家学说的创始人孔子所著的《尚书·禹贡》记载："扬州贡瑶琨。"据描述瑶琨似玉而非玉，晶莹剔透，可能即为后世所称的"雨花石"，是最早关于雨花石的描述。

秦王朝一统天下，南京地区属楚地，所产雨花石自然在秦王朝搜求之列，燕赵之收藏、韩魏之经营、齐楚之精英，"鼎铛玉石、金块珠砾"，其中玉石、珠砾，必有由楚地而来者。楚之美石，雨花石自然为其一例。

自南北朝以来，文人雅士寄情山水，笑傲烟霞，至唐宋时期达到巅峰，神奇的雨花石更是成为石中

孔子（前551年~前479年），名丘，字仲尼，春秋末期的思想家和教育家、政治家，儒家思想的创始人。孔子集华夏上古文化之大成，在世时就已被誉为"天纵之圣"、"天之木铎"，是当时社会上的最博学者之一，他被后世统治者尊为孔圣人、至圣、至圣先师、万世师表。

珍品，有"石中皇后"之称，深受人们的喜爱和珍藏，其文化历史可谓源远流长。

雨花石"月英梅花山"

关于雨花石的来历，在南北朝时有一个美丽的传说：

相传在南朝梁代，有位法号叫云光的和尚，他每到一处开讲佛法时，听众都寥寥无几。看到这种情况一直没有好转的迹象，云光开始有点泄气了。

有一天傍晚，讲解完佛经的云光正坐在路边叹息时，遇到了一个讨饭的老婆婆。

老婆婆吃完云光法师给她的干粮后，从破布袋里拿出一双麻鞋来送给云光，叫他穿着去四处传法。并告诉他鞋在哪里烂掉，他就可以在那里安顿下来长期开坛讲经。老太太说完话就突然不见了。

云光不知走了多少地方，脚上的麻鞋总穿不烂。直至他来到了南京城的石岗子，麻鞋就突然烂了。从此他就听信老婆婆之言在石岗上广结善缘，开讲佛经。一开始听的人还不多，讲了一段时间后，信众就越来越多了。

雨花石"梅岭春色"

有一天，他宣讲佛经时很投入，一时感动了天神，天空中飘飘扬扬下起了五颜六色的雨。奇怪的是这些雨滴一落到地上，就变成了一枚枚晶莹圆润的小石子，石子上还有五彩斑斓的花纹。

由于这些小石子是天上落下的雨滴所化，人们就称之为"雨花石"。而从此云光讲经的石岗子也就被称为"雨花台"。

当时雨花石中的名品如"龙衔宝盖承朝日"，该石粉红色，如丹霞映海，妙在石上有二龙飞腾，龙为绿色，而且上覆红云，顶端呈白色若玉山，红云之中尚有金阳喷薄欲出状。

再如"平章宅里一阑花"，该石五彩斑斓，石上有太湖石一峰、洞穴玲珑，穴中映出花叶，上缀红牡丹数朵，花叶神形兼备。

而雨花名石"黄石公"则呈椭圆形，黄白相间，石之一端生出一个"公"字，笔画如书，似北魏造像始平公的"公"字，方笔倒行。

此后历代，都把雨花石当作观赏宝石或镶嵌于各种器物，增加其美感。

唐人苏鹗《杜阳杂编》记载有南齐潘淑妃"九玉钗"，上刻九鸾皆九色，石上天然镌有"玉儿"两字，玉儿为潘妃小名，工巧妙丽，天然生成。

唐懿宗女儿同昌公主出嫁时作为陪嫁品伴随，从南齐至晚唐数百年时间辗转收藏，可知收藏雨花石在南北朝时即有，并一直影响至唐代。

■ 雨花石"腊梅飘香"

■ 雨花石"七星煤"

爱雨花石成癖，陈朝也不示弱，曾将顽石封为三品，唐人爱石之风向士大夫阶层扩散，唐代李白、杜甫、王维等人诗文，均有咏石之作。南宋出现了杜绾所著的我国第一部石谱《云林石谱》，上面曾说：

江宁府江水中有碎石，谓之螺子，凡有五色。大抵全如六合县灵岩及他处所产玛瑙无异，纹理莹莹石面，望之透明，温润可喜。

这是最早记述雨花石的石谱。

南宋末年，大收藏家周密也记载了他喜爱雨花石的经过，对于雨花石珍品"水胆雨花空青石"做了最早的描述："经三寸许，撼之其中，有声汩汩然，盖中虚有在内故也。"由此可见，在南宋雨花石已经成为人们眼中的奇珍而被关注。

明太祖朱元璋60岁寿辰时，宠孙朱允炆在盘子中用雨花石拼成"万寿无疆"4个大字，连同一个酷似寿桃的雨花石，作为祝寿之礼和盘托出，皇亲国戚、文武百官无不称奇，使龙颜大悦。

朱允炆称帝后，对雨花石仍

■ 雨花石中自然形成的"人物"图案

情有独钟，内宫案头，时有雨花石供品。

明代书法家米万钟，字友石，又字仲诏，自号石隐庵居士。米万钟为宋代大书法家米芾后裔，一生好石，尤擅书画，晚明时与董其昌有"南董北米"之称。

■ 斑纹雨花石

米万钟于1595年考中进士，次年任六合知县。米万钟对五彩缤纷的雨花石叹为奇观，于是悬高价索取精妙。当地百姓投其所好争相献石，一时间多有奇石汇于米万钟之手。

米万钟所收藏的雨花石贮满了大大小小各种容器。常于"衙斋孤赏，自品题，终日不倦"。其中绝佳宝石有"庐山瀑布""藻荇纵横""万斛珠玑""三山半落青天外""门对寒流雪满山"等美名。并请吴文仲画作《灵岩石图》，胥子勉写序成文《灵山石子图说》。

米万钟对雨花石的鉴赏与宣传，贡献良多。米万钟爱石，有"石痴"之称。他一生走过许多地方，向以收藏精致小巧奇石著称。

其后，林有麟对雨花石的研究也很有成就，所著《素圆石谱》精选35枚悉心绘制成图，一一题以佳名。林有麟在素园建有"玄池馆"专供藏石，将江南三吴各种地貌的奇石都收集置于馆中，时常赏玩。

米万钟 勤奋好学，博才多艺，毕生手不释卷，学识渊博。他尤擅长书画，作品风雅绝伦，气势浩瀚，运笔流畅。不仅诗文翰墨驰誉天下，而且在石刻、琴瑟、篆隶、棋艺、绘画以及造园艺术等方面均有较高造诣。

雨花石"暗香浮动"

朋友何士抑送给林有麟雨花石若干枚，他将其置于"青莲舫"中，反复赏玩，还逐一绘画图形、品铭题咏，附在《素园石谱》之末，以"青莲绮石"命名之。

雨花石名真正脱颖而出在明末清初，徐荣以《雨花石》为题写了一首七律诗；张岱在《雨花石铭》一文中称："大父收藏雨花石，自余祖、余叔及余，积三代而得十三枚……"

再后，姜二酉也是热心收藏雨花石的大家。姜二酉本名姜绍书，明末清初藏书家、学者，字二酉，号晏如居士。

随着中外交流日益频繁，明代已经能够经常见到西洋的人了，于是姜二酉所藏雨花石也有起名如"西方美人"，此石长1.5寸，宽0.8寸，色草黄椭圆形而扁。上有西洋美女首形，头戴帽一顶，两肩如削，下束修裙，细腰美颊，丰胸凹腹，体态轻盈，人形全为黑色。

雨花石"春到梅花山"

再如雨花石精品"暗香疏影"，石为圆形，质地嫩黄，温润淡雅，上有绿色枝条斜生石面，枝上粉红花纹绕之，鲜润艳丽，如同一树梅花，颇具诗意。

还有神秘色彩的雨花"太极图"，该石为球状，黑白分明，界为曲形，成为

珍贵的珠宝

一幅极规范的太极图。

姜绍书之祖养讷公，是孙石云之甥，曾与石云到古旧物市场，见一圆石莹润精彩，摇一下听声好似空心，石云以为是璞玉，买回后请人剖开。一看里面是一天成太极图，黑白分明，阴阳互位，边缘还环绕着如霞般的红线。

而取名"云翔白鹤"的雨花石，则石质淡灰如云，云端中跃然一只白鹤，其翱翔神态栩栩如生。

另外，极具生活情趣的"松鼠葡萄"，石做腰子形，色酱黄，中有黑色松鼠一只，翘着尾巴，正在吃一串葡萄。

"梅兰竹菊"为4枚雨花石，梅石疏影横斜，兰石幽芳吐馥，竹石抱虚传翠，菊石傲霜迎风。四石各具其妙。

不可再得的"猫鸟双栖"石，上部有二鸟栖于枝头，下有双猫相对而伏，神采奕奕。

神奇孤品"老龟雏鹅"，此石黑质白章，一面为伸颈老龟之大像，一面是一只天真的小鹅雏。

清代《西游记》小说与京剧开始流传，所以有

■ 雨花石"对梅"

雨花石"红梅闹春"

的雨花石就命名为"悟空庞",色如豇豆,上有一元宝形曲线且凸出石表现,在曲线正中偏上处恰又生出两个平列的小白圈,圈内仍是豇豆红色,极似京剧舞台上的孙悟空脸谱。

清乾隆帝在位61年,曾6次南巡,南京乃必到之地。以"雨花台"为题的诗便有5首,如《雨花台口号》《戏题雨花台》等;在莫愁湖畔的景观石上刻有他"顽石莫嗤形貌丑,娲皇曾用补天功"的诗句。

乾隆皇帝十分珍爱的有4枚雨花石。其中一枚龙首毕现,出神入化,令人称奇,名为"真龙天子"。

阅读链接

清末雨花石收藏大家河北雍阳人王猩囚,世称猩翁。天津为主要生活工作地。

"数十年荒淫于雨花"并写就《雨花石子记》,科学地提出雨花石因长江而形成的观点,并就雨花石的质、形、色、纹、定名、玩赏、品级、交易等进行全面论述,读来令人耳目一新,受益匪浅。

猩囚先生乃北地人氏却爱上南方的雨花石,也可以说是一种缘分,但彼此天各一方,能坚持数十年不改初衷,即使在日寇杀我南京30万同胞后的1939年,仍不忘托人一次次在南京为其采石、购石、邮石,尤其令人感慨不已!

我国的珍珠、珊瑚、琥珀文化源远流长。珍珠一直象征着富有、美满、幸福和高贵。在古代，珍珠代表地位、权力、金钱和尊贵的身份，平民以珍珠象征幸福、平安和吉祥。

珊瑚是佛教七宝之一，人们相信红珊瑚是如来佛的象征。我国在公元初就有红珊瑚记载，古代的王公大臣上朝穿戴的帽顶和朝珠也用珊瑚做成。

琥珀是我国人民喜爱的宝石之一，古代将其作为珍贵的珠宝装饰品，在战国墓葬中就出土有琥珀珠，以后各朝各代琥珀制品又不断增多。

有机宝石

西施化身——珍珠

早在远古时期，原始人类在海边觅食时，就发现了具有彩色晕光的洁白珍珠，并被它的晶莹瑰丽所吸引，从那时起珍珠就成了人们喜爱的饰物。珍珠被人类利用已有数千年的历史，传说中，珍珠是由鱼公主泪水化成的。

传说白龙村有个青年叫四海，英武神勇。一天，四海下海采珠，

西藏珍珠冠

忽然狂风大作，他只得弃船跳海。在冰冷的深海里，四海遇到了海怪的侵袭，靠着一身胆量和不凡的身手，四海打跑了海怪，但因用力过度，四海也伤疲地昏迷在汹涌的海水中。

等到四海醒来时，他发现，自己竟躺在龙王宫的一

张水晶床上，美丽的人鱼公主正在温存地替他疗伤。鱼公主敬佩他的勇毅，故此拯救。

四海在公主无微不至的照顾下，伤势很快痊愈了。公主天天伴着四海，寸步不离，食必珍馐，衣必鲜洁。公主不说何时送客，四海也不提何时离去。

鎏金珠串首饰

相处既久，爱意渐浓。公主愿随四海降落凡间，于是一对恋人，同回白龙村。乡亲们既庆幸四海大难不死，更艳羡他娶到美丽的妻子，热烈地庆贺了一番。

鱼公主也是入乡随俗，尽弃奢华，素衣粗食，操持家务井然有序，手织绡帛质柔色艳，远近闻名。

白龙村有一恶霸，对鱼公主的美艳早已是垂涎三尺，他想方设法勾结官府，以莫须有的罪名，加害四海，强夺公主以抵罪。

四海奋力夺妻，力竭被缚，铁骨铮铮的男儿，就这样惨死在恶霸的杖棒之下。

眼睁睁看着夫君死去，公主失望于人间黑暗，施法逃回水府。为悼念丈夫，公主每年在明月波平之夜，在岛礁上面向白龙村痛哭，眼泪串串掉入海中，被珠贝们接住，孕胎成晶亮的珍珠。

不仅如此，传说中，更把珍珠与西施联系起来。传说珍珠是西施的化身：嫦娥仙子曾有一颗闪闪发光的大明珠，十分逗人喜爱，常常捧在掌中把玩，平时则命五彩金鸡日夜守护，唯恐丢失。

而金鸡也久有把玩明珠的欲望，趁嫦娥不备，偷偷玩赏，将明珠抛上抛下，煞是好玩。一不小心，明珠滚落，直坠人间。金鸡大惊失色，随之向人间追去。

嫦娥得知此事后，急命玉兔追赶金鸡。玉兔穿过九天云彩，直追至浙江诸暨浦阳江上空。

这一天，浦阳江边一农家妇女正在浣纱，忽见水中有颗光彩耀眼的明珠，忙伸手去捞，明珠却径直飞入她的口中，钻进腹内。这女子从此有了身孕。

一晃16个月过去了，女子只觉得腹痛难忍，但就是不能分娩，急得她的丈夫跪地祷告上苍。

忽然一天，只见五彩金鸡从天而降，停在屋顶，顿时屋内珠光万道。这时，只听"哇"的一声，女子生下一个光华美丽的女孩，取名为"西施"。故有"尝母浴帛于溪，明珠射体而孕"之说。

美丽的西施曾经住在山下湖的白塔湖畔。

一天，一位衣衫褴褛的白胡子老爷爷路过西施的家门口，西施看着老爷爷饥寒交迫的样子，连忙把他请进屋里，给他端茶上饭，并帮他把全身上下洗了个干净。

白胡子老爷爷看着西施这么热情招待他，激动地说："姑娘，你可真是个大好人，我一定会好好报答你的。"

日子过得很快，转眼过了两个月。

有一天夜里，西施刚睡下不久，忽然一道金光闪

■ 嵌珍珠宝石金项链

西施 本名施夷光，春秋末期出生于浙江诸暨苎萝村。天生丽质。西施与王昭君、貂蝉、杨玉环并称为中国古代四大美女，其中西施居首。西施也与南威并称"威施"，均是美女的代称。

来，一个白胡子老爷爷出现在西施的面前，西施看得出了神。

白胡子老爷爷说："我的好孩子，不用怕，我就是被你相救的老爷爷，为了报答你的恩情，今天我特意带上了一些珠宝，请你收下吧！"

西施看着这些美丽的珍珠，颗颗都闪着璀璨的光芒，可她想：救人做好事是应该的，怎么能收下这些这么贵重的东西呢？要是能从老爷爷那里得到养蚌育珠的技术，那该多好啊！我们的百姓将会过上富裕的生活。

于是她对老爷爷说："爷爷，我不能收下你这么贵重的礼物，如果你真想表示谢意的话，那么请你把养蚌育珠的技术传授给我吧。"

老爷爷听了犹豫了一下说："那好吧，如果你能回答出这个问题，我就把养蚌技术传授给你，你听着：我有三只金碗。我把第一只金碗里的一半珍珠给我的大儿子，第二只金碗里三分之一的珍珠给我的二儿子，第三只金碗里的四分之一给我的小儿子。"

"然后，我又把第一只碗里剩下的珍珠给大女儿4颗，第二只碗里

■ 镶珍珠金杯

珍贵的珠宝

■ 镶珍珠金首饰

挑6颗给二女儿，从第三只碗里拿两颗给小女儿。这样一来，我的第一只碗里就剩下 38 颗珍珠，第二只碗里就只剩下 12 颗珍珠，第三只碗里还剩下 19 颗。你来告诉我，这三只金碗里各有多少颗珍珠？"

听了老爷爷的难题，西施想了想，然后拿着树枝在地上算了起来。一会儿工夫，她站起来说："爷爷你听着，第三只碗里原来有珍珠 28 颗。"

白胡子老爷爷听了西施的解答，惊愕而又钦佩地说："美丽的西施姑娘，你果真是名不虚传，不但心地善良，而且天资聪颖，我一定会实现我的诺言。"

于是老爷爷就把养蚌育珠的本领传授给了西施。

西施凭着自己的勤劳和智慧，很快就学会了本领。他还把这个育珠本领传授给当地的老百姓，让老百姓们养蚌育珠，致富发家。

传说里，珍珠始终与美是联系在一起的。

历代帝王都崇尚珍珠，早在4000多年前，珍珠就被列为贡品。相传黄帝时已发现产珍珠的黑蚌。《海史·后记》记载，夏禹定各地的贡品："东海鱼须鱼目，南海鱼革现珠大贝。"
商朝也有类似的文字记载。

在西周时期，周文王就用珍珠装饰发髻，应该是已知有文字记载的最早头饰。

春秋战国时期，我们的祖先便用珍珠作为饰品，同时还出现了以贩卖珍珠为业的商人。据考证汉代的海南已盛产珍珠，有"珍珠崖郡"之说，并开始了开发利用广西合浦的珍珠。并有真朱、蚌珠、珠子、濂珠等称呼。

彩色珍珠项链

从此，我国的天然淡水珍珠主要产于海南诸岛。珍珠有白色系、红色系、黄色系、深色系和杂色系5种，多数不透明。珍珠的形态以正圆形为最好。古时候，人们把天然正圆形的珍珠称为"走盘珠"。

珍珠的形状多种多样，有圆形、梨形、蛋形、泪滴形、纽扣形和任意形，其中以圆形为佳。非均质体。颜色有白色、粉红色、淡黄色、淡绿色、淡蓝色、褐色、淡紫色、黑色等，以白色为主。

具典型的珍珠光泽，光泽柔和且带有虹晕色彩。

《海药本草》称珍珠为"真珠"，意指珠质至纯至真的药效功用。《尔雅》把珠与玉并誉为"西方之美者"。《庄子》有"千金之珠"的说法。

在我国灿烂辉煌的古代历史上，有两件齐名天下、为历代帝王所必争的宝物，那就是和氏之璧与隋侯之珠。

《韩非子》中关于这两件宝物有详尽的记载："和氏之璧，不饰以五彩；隋侯之珠，不饰以银黄，其质其美，物不足以饰。"

《韩非子·外储说左上》中还记载了一个"买椟还珠"的故事：

珍贵的珠宝

粉色珍珠花朵胸针

《吕氏春秋》
战国末年秦国丞相吕不韦主编，组织属下门客们集体编撰的一部古代类百科全书似的传世巨著，有八览、六论、十二纪，共20多万言，又名《吕览》。吕不韦自己认为其中包括了天地万物古往今来的事理，所以又称为《吕氏春秋》。

楚国有个珠宝商人，到郑国去卖珍珠。他用木兰香木为珠宝制作了一只盒子，用桂和椒所调制的香料来熏盒子，用珠玉来点缀它，用玫瑰宝石来装饰，用翡翠来装饰边沿。

有个郑国人买了盒子，却把盒里的珍珠还给了楚国人。后以"买椟还珠"喻舍本逐末，取舍不当。

《吕氏春秋·贯生篇》则用"隋珠弹雀"来比喻大材小用的道理："今有人以隋侯之珠弹千仞之雀，是何也？"

每一种美好的事物，都伴随着一个动人的故事，和氏之璧与隋侯之珠也不例外。关于和氏之璧的典故，人们或许已耳熟能详，而有关隋侯之珠的美丽传说，则知之甚少。

那是战国时候的一个秋天，西周的隋侯例行出巡封地。一路游山玩水，这天行至渣水地方，隋侯突然发现山坡上有一条巨蛇，被人拦腰斩了一刀。由于伤势严重，巨蛇已经奄奄一息了，但它两只明亮的眼睛依然神采奕奕。

隋侯见此蛇巨大非凡而且充满灵性，遂动了恻隐之心，立即命令随从为其敷药治伤。不一会儿，巨蛇恢复了体力，它晃动着巨大而灵活的身体，绕隋侯的马车转了3圈，径直向苍茫的山林逶迤游去。

一晃几个月过去了，隋侯出巡归来，路遇一黄毛少儿。他拦住隋侯的马车，从囊中取出一颗硕大晶亮的珍珠，要敬献给隋侯。隋侯探问缘由，少儿却不肯说。隋侯以为无功不可受禄，坚持不肯收下这份厚礼。

第二年秋天，隋侯再次巡行至渣水地界，中午在一山间驿站小憩。睡梦中，隐约走来一个黄毛少儿，跪倒在他面前，称自己便是去年获救的那条巨蛇的化身，为感谢隋侯的救命之恩，特意前来献珠。

隋侯猛然惊醒，果然发现床头多了一枚珍珠，这枚硕大的珍珠似乎刚刚出水，显得特别洁白圆润，光彩夺目，近观如晶莹之烛，远望如海上明月，一看便知是枚宝珠。隋侯感叹说：一条蛇尚且知道遇恩图报，有些人受惠却不懂报答的道理。

据说隋侯得到宝珠的消息传出后，立即引起了各国诸侯的垂涎，经过一番不为人知的较量，隋珠不久落入楚武王之手。

后来，秦国灭掉楚国，隋珠又被秦始皇占有，并被视为秦国的国宝。秦灭亡后，隋珠从此不知所终。日升月落，大江东去。一度光彩照人的隋侯之珠已湮没在滚滚的历史烟尘中，不可复寻。只有这个充满人文关怀的美丽传说，依然隐约闪现在茫茫史河中，带给后人温暖与警示。

秦昭王时把珠与玉并列为"器饰宝藏"之首。可见珍珠在古代便有了连城之价。

从秦朝起，珍珠已

唐嵌珠酒器

珍珠石宝函

珍贵的珠宝

成为朝廷达官贵人的奢侈品，皇帝已开始接受献珠，帝皇冠冕衮服上的宝珠，后妃簪珥的垂珰，都是权威至上、尊贵无比的象征。

秦始皇从统一天下开始，就在骊山为自己营造陵墓，他在墓中用珍珠嵌成日月星辰，用水银造成江河湖海。

汉武帝建光明殿时，"皆金玉珠玑为帘箔，处处明月珠，金陛玉阶，昼夜光明"。

用珍珠饰鞋，可见于西汉司马迁的《史记》。《史记》记载，"春申君客三千人，其上客皆蹑珠履"。《战国策》也记载："春申君上客三千，皆蹑珠履。"另外，《晏子春秋》记载："景公为履，黄金之綦，饰以银，连以珠。"

东汉桂阳太守文砮向汉顺帝"献珠求媚"，西汉的皇族诸侯也广泛使用珍珠，珍珠成为尊贵的象征。

汉武帝的臣子董偃在幼年时即与其母以贩卖珍珠为业，13岁时入汉武帝姑陶公主之家，后因能掌识珍珠而被汉武帝重用。

佛教传入我国之后，据《法华经》《阿弥陀经》等记载，珍珠更成为"佛家七宝"之一。

在南北朝时期，我国就已经成功地培育出了蚌佛，即将小菩萨、寿星等佛像置于贝的壳与外套膜之

春申君（前314年~前238年），本名黄歇，战国时期楚国公室大臣，是著名的政治家。他与魏国的信陵君魏无忌、赵国的平原君赵胜、齐国的孟尝君田文并称为"战国四公子"，曾任楚相。黄歇学问渊博，能言善辩。楚考烈王以黄歇为相，封为春申君。赐淮北地12县。

间，经过一段时间，佛像的表面便覆盖了珍珠层，这是最早的养珠技术。

发生在1800多年前南海之滨的"合浦珠还"的故事，便是其中最精彩的一幕：

据说古代合浦地区"海出珠宝"而地"不产谷实"，居民们不懂得耕作技术，全依靠入海采珠易米以充饥。后因地方官贪污盘剥，人民生活来源断绝，饿殍遍野，海里有灵性的珠蚌也"愤"而"跑"到交趾去了。

东汉顺帝及时派孟尝任合浦郡太守，他针对前任弊政进行全面改革，使地方社会经济生活恢复正常，珠蚌又从交趾返"还"原籍合浦。这就是脍炙人口的"合浦珠还"的故事。

《汉书·霍光传》记载："太后被珠襦盛服，坐武帐中。"珠襦

■ 珍珠戒指

霍光（？～前68年），字子孟。生于西汉河东平阳，即今山西省临汾市。霍光跟随汉武帝刘彻近30年，是武帝时期的重要谋臣。汉武帝死后，他受命为汉昭帝的辅政大臣，执掌汉室最高权力近20年，为汉室的安定和中兴建立了功勋，成为西汉历史发展中的重要政治人物。

■ 清代金嵌珍珠天球仪

就是用珍珠缀成的短袄，是当时贵人们的穿着。皇帝的朝服，更是镶满珍珠。

三国之初，曹操占据江北，刘备称帝于蜀，孙权稳坐江东，三足成鼎立之势。当时生产淡水珍珠的吴越一带和采捕海水珍珠的南海等地，均为东吴属地。

孙权深知魏蜀都垂涎东吴的珍珠，即位之初，便下令严加保护："今天下未定，民物劳瘁，而且有功者未录，饥寒者未恤……禁进献御，诫官膳……虑百姓私散好珠。"

孙权不但要求王室禁用珍珠，还封存了民间的珍珠采捕和交易，这为孙权的珍珠外交提供了物质可能。

权衡天下形势，孙权很快确立了"深绝蜀而专事魏"的权宜之计，远交近攻，讨好曹魏，对付蜀汉。于是，当曹丕使臣前来索取霍头香、大具、珍珠等东吴特产时，孙权一概力排众议："方有事西北，彼所要求者，于我瓦石耳，孤何惜焉！"统统满足对方要求。

其后，曹魏又遣使南下，与东吴洽谈以北方战马换取南方珍珠事宜，孙权更是求之不得："皆孤所不用，何苦不听其交易。"从此，魏吴贸易日盛。珍珠外交，为东吴赢得了难得的和平发展机遇。

《晋书》中记载："苻坚自平诸国

之后，国内殷实，逐示人以侈，悬珠帘于正殿，以朝群臣。"以珍珠帘显示皇家气派。

隋朝时，宫人戴一种名叫"通天叫"的帽子，上面插着琵琶钿，垂着珍珠。古诗里"昨日官家清宴里，御罗清帽插珠花"，指的就是这样的帽子。

唐代白居易也在《长恨歌》里写道："花钿委地无人收，翠翘金雀玉搔头。"

640年，藏族祖先吐蕃人的杰出首领松赞干布，令大相禄东赞带着5000两黄金，数百珍宝前往长安求婚。唐太宗答应将皇室女儿文成公主许配给松赞干布。

不过，传说李世民许嫁之前曾五难婚使，其中一难便是要禄东赞将丝线穿过九曲珍珠。结果，这一难也未难倒聪明的禄东赞，他把蜂蜜涂在引线上，用蚂蚁牵引丝线穿过珍珠，便顺利过了这一关。

《古今图书集成》所收东坡集注中曾有记载："有人得九曲宝珠，穿之不得，孔子教以涂脂于线，使蚁返之。"两事相隔千年，只能说博古通今的禄东赞乃饱学之士，松赞干布遣使禄东赞，可谓慧眼识珠。

唐代诗人李商隐的《锦瑟》中的"沧海月明珠有

■ 清代珍珠碧玉盆景

松赞干布 按照藏族的传统他是吐蕃王朝第三十三任赞普，实际上是吐蕃王朝立国之君。他的父亲是一位很有作为的赞普。父亲被仇人毒害而死后，13岁的他即赞普位。即位后，他很快平息各地的叛乱，统一各部，定都拉萨，建立了吐蕃奴隶制政权。

泪，蓝田日暖玉生烟"，更成为吟咏珍珠的名句。而白居易更用"大珠小珠落玉盘"来形容琵琶女演奏技艺之高超。

李白在《寄韦南陵冰》一诗中也写道："堂上三千珠履客，瓮中百斛金陵春。"用来描述当时用珍珠来装饰鞋子。

珍珠是佛门的法器之一，它同金、银、珊瑚、玛瑙、琥珀、琉璃被称为"佛之七宝"。七宝阿育王塔大体上是以七宝做成的"微型宝塔"，以放置供奉的舍利。

鎏金银阿育王塔

而七宝更被用来供奉菩萨，每当有重大的水陆法会时，寺庙要建起七宝池、八功德水来表示虔诚。

金嵌珠石发塔

如南京大报恩寺七宝鎏金阿育王塔，体形硕大的宝塔金光闪闪，周身镶嵌着珍珠宝石，塔上遍布佛教故事浮雕，宝塔内瘗藏的就是佛教界的最高圣物"佛顶真骨"。

七宝阿育王塔塔身图案塔座、塔身和山花蕉叶上，每隔几厘米就镶嵌着珍珠等各种珠宝，晶莹剔透，其中仅珍珠就有上百颗。

宋代已发明养殖人工珍珠，并将其养珠法传到了日本。宋代对珍珠的利用也史无前例，如在江苏省苏州发现的北宋珍珠舍利宝幢高达1.22米，其中的珍珠多达3.2万颗。

珍珠舍利宝幢是用珍珠等七宝连缀起来的一个存放舍利的容器。宝幢发现之初被放置于两层木函之中。主体部分由楠木制成，自下而上共分为三个部分：须弥座、佛宫以及塔刹。

波涛汹涌的海浪中托起一根海涌柱，上面即为须弥山。一条银丝鎏金串珠九头龙盘绕于海涌柱，传说是龙王的象征，掌管人间的旱和涝。

护法天神中间所护卫的，即为宝幢的主体部分佛宫。佛宫中心为碧地金书八角形经幢，经幢中空，内置两张雕版印大随求陀罗尼经咒，以及一只浅青色葫芦形小瓶，瓶内供奉有9颗舍利子。

华盖上方即为塔刹部分，以银丝编织而成的八条空心小龙为脊，做昂首俯冲状，代表着八大龙王。

塔刹顶部有一颗大水晶球，四周饰有银丝火焰光环，寓意为"佛光普照"。至此整座宝幢被装扮得璀璨夺目，令人流连忘返。

珍珠舍利宝幢造型之优美、选材之名贵、工艺之精巧都是举世罕见的。制作者根据佛教中所说的世间"七宝"，选取名贵的水晶、玛瑙、琥珀、珍珠、檀香木、金、银等材料，运用了玉石雕刻、金银丝编制、

阿育王 是印度孔雀王朝的第三代君主，也是印度历史上最伟大的一位君王。阿育王还是一位虔诚佛教徒，后来还成为佛教的护法。阿育王的知名度在印度帝王中是无与伦比的，他对历史的影响同样也可居印度帝王之首。阿育王寺是我国现存唯一的以阿育王命名的千年古刹。

059

天然结晶

有机宝石

■ 北宋珍珠舍利宝幢

珍贵的珠宝

明代镶珍珠龙冠

金银皮雕刻、檀香木雕、水晶雕、漆雕、描金、穿珠、古彩绘等10多种特种工艺技法精心制作。可谓巧夺天工，精美绝世。

整个珍珠舍利宝幢用于装饰的珍珠差不多有4万颗；塔上17尊檀香木雕的神像更见功力，每尊佛像高不足10厘米，雕刻难度极大；然而，天王的威严神态，天女的婀娜多姿，力士的嗔怒神情，佛祖的静穆庄严，均被雕刻得出神入化。

从珍珠舍利宝幢身上，人们可见五代、北宋时期苏州工艺美术的繁荣和精美，同时也可见五代、北宋时期吴人高度的审美水准和丰富的文化内涵。

至明弘治年间，我国珍珠最高年产量约2.8万两，除供皇室及达官、富豪享用外，也曾进入国际市场。珍珠主要是官采官用，对老百姓中采珠用珠者限制甚严。

明代十三陵是明代13个帝后的坟墓，其中定陵是明神宗的陵墓，定陵中还发现了4顶皇后戴的龙凤冠，用黄金、翡翠、珍珠和宝石编织而成，其中一顶镶嵌着3500颗珍珠和各色宝石195枚。

那凤冠，正面缀有4朵牡丹花，是以珍珠宝石配成的，左、右各有一凤凰，凤羽是用翠鸟羽毛制成的。

龙凤 一种典型的古代吉祥搭配，描绘龙与凤相对飞舞的画面，龙为鳞虫之长，凤为百鸟之王，都是祥瑞之物。龙凤相配便呈吉祥，习称"龙凤呈祥"。龙凤吉祥图案画面上，龙、凤各居一半。龙是升龙，张口旋身，回首望凤；凤是翔凤，展翅翘尾，举目眺龙。周围瑞云朵朵，一派祥和之气。

冠顶，用翠羽做成一片片云彩，云上饰3条金龙，是用金丝掐成的。中间的金龙口衔一珠，硕大晶莹，世间少见。左、右两龙口衔珠串，状若滴涎，名称"珠滴"。

珠滴长可垂肩，间饰六角珠花，名称"华胜"。冠口饰有珍珠宝钿花一圈，名称"翠口圈"。口沿又饰有托里的金口圈。冠后，附有翅状饰，名称"博鬓"。

孝靖凤冠

每侧3条，又称"三博鬓"。

清承明制，官府继续控制珍珠的开发和使用，并以高价收购。清代皇后的夏朝冠，后妃头上的钿口、面簪、帽罩、头簪等首饰，上面都有珍珠。

刘銮在《五石瓠》中说道："明朝皇后一珠冠，费资60万金，珠之大者每枚金8分。"

珍珠头饰一直是后宫佳丽、公子王孙们的最爱。清代《大清会

明代鎏金嵌珠宝带扣

典》记载：皇帝的朝冠上有22颗大东珠，皇帝、皇后、皇太后、皇贵妃及妃嫔以至文官五品、武官四品以上官员皆可穿朝服、戴朝珠，只有皇帝、皇后、皇太后才能佩戴东珠朝珠。

东珠朝珠由108颗东珠串成，体现封建社会最高统治者的尊贵形象。皇帝的礼服，上面挂着数串垂在胸前的装饰朝珠，每挂用珠 108颗。按照当时的规制，皇子和其他贵族官员在穿着朝服和吉服时，也挂珍珠，但不能用东珠。

用珍珠装饰服装的典型则是乾隆的龙袍。龙袍在石青色的缎面上有着五彩刺绣，尔后用米珠、珊瑚串成龙、蝠、鹤等花纹，极其华贵。

如清代掐丝银鎏金珍珠蜜蜡簪，此簪包括米珠在内的都是纯天然野生的南海珍珠，呈现着靓丽青春的

珍贵的珠宝

五品 指我国古代官位的一个级别。属于中级官员，一般是州级官员，如清朝的直隶州知州就属于正五品。正五品其上是从四品，其下是从五品，但唐朝、高丽王朝及朝鲜王朝的正五品分为上下，朝鲜王朝的正五品属参上官。

■ 珍珠簪子

藕粉色。在一颗直径不足1毫米，比小米还小的珠子上要打眼穿线组合，在当时也确是鬼斧神工了！

1628年采于波斯湾海域有一颗特大珍珠，长10厘米，宽6至7厘米，重121克。在其发现的一个世纪后，被送给了乾隆皇帝。1799年乾隆驾崩后，此珍珠作为陪葬品被埋入地下。1900年乾隆墓被盗，此珍珠即下落不明。

■ 貂皮嵌珠皇后朝冠

我国历代皇室使用珍珠最多者还是要推清朝末年的慈禧太后。据说，在她的一件寿袍上，共绣有数十个寿字，每个寿字中缀着一颗巨型珍珠，远近观之，真正是璀璨夺目，巧夺天工。

慈禧的凤鞋上，虽然到处都是珍宝，但慈禧最爱的，仍然是珍珠。据记载，慈禧认为，珍珠是最适于凤鞋的饰物。因而，不管哪一双凤鞋，她都要让人镶上珍珠，最多的鞋面上据说镶有珍珠近400颗，绣成各种纹案，雍荣华贵。

而且，在慈禧的殉葬物中有大小珍珠约3.3064万颗，其中的金丝珠被上镶有8分的大珠100颗、3分的珠304颗、6厘的珠1200颗、米粒珠1.05万颗等。

据《爱月轩笔记》记载，慈禧死后棺里铺垫的金

蝠 由于蝙蝠的"蝠"字与福气的"福"字谐音，因此在中华文化中，蝙蝠是幸福、福气的象征，蝙蝠的造型也经常出现在很多中华传统图案中，如"五福捧寿"就是五个艺术化的蝙蝠造型围绕着一个寿字图案。

清代皇后凤冠

丝锦褥上镶嵌的珍珠就有1.2604万颗，其上盖的丝褥上铺有一钱重的珍珠2400颗；遗体头戴的珍珠凤冠顶上镶嵌的一颗珍珠重达4两，大如鸡卵，而棺中铺垫的珍珠尚有几千颗，仅遗体上的一张珍珠网被就有珍珠6000颗。

古人把珍珠的品级，定得十分苛细烦琐，以至在清初已"莫能尽辨"了。《南越志》说珠有九品，直径0.5寸至1寸上下的为"大品"。一边扁平一边像倒置铁锅即覆釜形的为"珰珠"，也属珍品。把走珠、滑珠算是等外品。

阅读链接

珍珠作为古人眼中的珍宝，被写入历代文学作品中。

如《战国策·秦策五》"君之府藏珍珠宝石"；唐代李咸用《富贵曲》诗，"珍珠索得龙宫贫，膏腴刮下苍生背"；明代宋应星《天工开物·珠玉》，"凡珍珠必产蚌腹……经年最久，乃为至宝"；元代马致远《小桃红·四公子宅赋·夏》曲，"映帘十二挂珍珠，燕子时来去"。

清代陈维崧《醉花阴·重阳和漱玉韵》词："今夜是重阳，不卷珍珠，阵阵西风透。"

海洋珍奇——珊瑚

　　珊瑚是海洋中的珊瑚虫群体或骨骼化石。珊瑚虫是一种海生动物，食物从口进入，食物残渣从口排出，它以捕食海洋里细小的浮游生物为食，在生长过程中分泌出石灰石，变为自己生存的外壳。

　　珊瑚既是来自海洋的宝石，也是佛教七宝之一，与宗教、权势有着密不可分的联系。

　　在古代神话里，有一位大英雄和蛇发女妖战斗，大英雄最终战胜了女妖，女妖的鲜血染红了大英雄身上的花饰，掉落的花饰

珊瑚戒指

珊瑚石项链

步摇 我国古代妇女的一种首饰。取其行步则动摇，故名。为我国传统汉民族首饰。其制作多以黄金屈曲成龙凤等形，其上缀以珠玉。六朝而下，花式愈繁，或伏成鸟兽花枝等，晶莹辉耀，与钗细相混杂，簪于发上。

就变成了红色的宝石"珊瑚"。因此，古代有些将士用红珊瑚装饰自己的盔甲、战袍和武器，以祈求好运相随，战神庇护。

古人常给自家小孩子脖子上挂些珊瑚枝，他们深信珊瑚有驱魔的能力，能保佑孩子的健康安全。这种观念在后世依然很流行。

生活在海洋附近的人笃信珊瑚是山湖之父，而且崇拜一切与山水相关之物，珊瑚的精神地位当然非比寻常。

珊瑚有魔力的说法自古就有，一位著名的医生曾经证实，红珊瑚能预测其主人的健康状况。他的一位病人喜戴红珊瑚项链，后来他竟然发现，病情加重珊瑚颜色也变深，当黑斑布满珊瑚表面时，病人就撒手人寰。

并且，据说珊瑚的魔力储存在天然体表，一旦经人工雕琢，这种魔力便会消失，因此天然珊瑚更受世人关注。

有些民族地区珊瑚是献给酋长的尊贵礼物，有专人看管，并制订诸多苛刻的规定：若有遗失现象发生，相关人员及家属一律杀无赦。

红珊瑚是全世界的珍奇，但只有我国古代人民，才把红珊瑚文化推向了极致。古代的皇家贵族将珊瑚配饰于官服之上，使其更显富贵权重。

除制度以外的饰物，珊瑚也被用于如簪、钮子、手镯、挑牌、步摇、戒指、耳饰、如意以及数珠手串等，或直接以珊瑚制成或以珊瑚镶嵌其中。

我国疆域广大，物产丰饶，但以往珊瑚多来自遥远的异邦，十分罕见，尤显珍贵。

《汉武故事》中曾记载：

> 前庭植玉树。植玉村法，茸珊瑚为枝，以碧玉为叶，花子或青或赤，悉以珠玉为之。

就说明当时汉武帝以珊瑚玉树盆景供奉在神堂之中。

汉武帝时还用珊瑚制作成珊瑚弓，钱木内胎，外红珊瑚珠，常加箭3支，弓长1.4米。

公元前1世纪，广南王赵佗向汉武帝进贡了两棵珊瑚树，4.3米高，各有3权460枝条，植于皇宫御花的积翠池。通体鲜红灿烂，而且"夜有光景"，如火如荼，因此赵佗称之"火树"，一时间成为镇宫之宝。此后历代皇宫乃至达官贵人均以拥有红珊瑚为自豪。

《汉武帝内传》中记载：武帝将五真图灵光经等"奉以黄金之箱，封以白玉之函，以珊瑚为轴……"

《西京杂记》卷一中称，赵飞燕

珊瑚雕刻人物像

珍贵的珠宝

■ 珊瑚树

为皇后时，其弟在昭阳殿贺之以珍贵礼物，其中有珊瑚玦一件。

三国时曹植诗说道："明珠交玉体，珊瑚间木难。"想来当时人们都视珊瑚为植物，并认为值得以明珠和美玉来陪衬它。木难也是一种宝珠，传说是金翅鸟吐沫所成。

晋人苗昌言描绘得更具体，他在《三辅皇图》中记录："汉积翠池中有珊瑚，高1.2丈，一本3棵，上有463条，云是越王赵佗所献，号烽火树。"

《格古要论》中也写道："珊瑚生大海中山阳处水底。"

说明我国晋朝时对珊瑚产出条件及特征都有所认识。珊瑚生活在深海，古人借助铁网打捞，珊瑚外观残损普遍，完整者少，因此《财货源流》中记载："珊瑚大抵以树高而枝棵多者胜。"

唐朝是我国历史上的繁盛期，社会财富极大丰足，女子重视装扮，妇女以梳高发髻为时尚，由此各式发钗也日渐流行。诗人薛逢曾专门赋诗，盛赞唐代仕女们头戴珊瑚发钗风情万种的样子。

唐朝韦应物《咏珊瑚》中吟："绛树无花

叶，非石变非琼。世人何处得，蓬莱石上生。"

由此引发世人追问：珊瑚真是仙人居住的仙山玉树吗？

唐代诗人罗隐《咏史诗》写道："徐陵笔砚珊瑚架，赵盛宾朋玳瑁簪。"又有唐彦谦吟《葡萄诗》写道："石家美人金谷游，罗帏翠幕珊瑚钩。"

自古珊瑚便被列入佛教七宝中，是信徒进献与神和人的最贵重物品之一。《大阿弥陀经》记载："佛言：阿弥陀佛刹中，皆自然七宝。所谓黄金、白银、水晶、琉璃、珊瑚、琥珀、砗磲，其性温柔，以是七宝相间为地。""其性温柔"的象征意义，是入选"佛宝"的标准。

此外，《恒水经》说"金、银、珊瑚、珍珠、砗磲、明月珠、摩尼珠"为七宝；《般若经》说"金、银、珊瑚、琥珀、砗磲、玛瑙"为七宝。虽然不同经典有不同的说法，但珊瑚大多在七宝之列。

佛教认为法器象征着高尚、纯洁、坚毅、安详、富足、康健和圆满。因此应以具有相类品质的宝物来制作，方可获无量功德。红珊瑚就是因其具有优良品性而受到青睐。虔诚的信仰者认为，它有驱邪、避祸、逢凶化吉的功能，故而视为珍品。

藏传佛教的高级人士也以拥有珊瑚法器为荣。我

■ 清代珊瑚雕仕女像

砗磲 是海洋中一种贝类，在外壳上有深大之沟纹如车轮的外圈。砗磲是一种有情识的生命，佛教绝不会教人杀生以取其壳作为念珠或供养佛菩萨之物品，而是代表石类中的某种珍宝之意。

清代珊瑚头饰

珍贵的珠宝

国藏传佛教将宝石分成为人之宝与神之宝。人之宝是人饰用的，例如金、银、珍珠、白玉、玛瑙等；神之宝则属神专用，包括蓝宝石、绿松石、青金石、祖母绿和珊瑚。我国藏族一直视红珊瑚为如来佛的化身，寺庙佛像大量饰用红珊瑚。

山西省青莲寺的唐代石碑上意外地发现了珊瑚。青莲寺始建于北齐天保年间，寺内的唐代石碑取材于周边的灰岩。灰岩中的珊瑚单体直径三四厘米，它的立体形状为尖顶锥柱体，中间有一系列向心式白色纵隔板。

除此，唐碑上还有可辨的有白色布纹格状层孔虫碎片、白色珠粒状海百合茎、盘卷螺等。

同时，唐代大医家寇宗介绍红珊瑚的鉴别方法："珊瑚有红油色者，细纵纹可爱者"为上品。这其实就是产自深海的宝石红珊瑚。而浅珊瑚纹路极精，也不可能有"红油状"的色泽。寇宗并且说只有上品，也即宝石珊瑚才能入药。

通过介绍的一些珊瑚鉴别方法，将珊瑚按等级由低到高分为几类：

一等为深红色珊瑚，俗称"关公脸""大红枣"珊瑚。它多生长海水深处200米至2000米之间。它质地细腻，色泽鲜艳，加工抛光后有灵光闪烁，很受人们的青睐。这种珊瑚古代多用于皇宫，皇冠和官服、朝服、礼服缀饰及项珠、金银物品的镶嵌饰物。尤其成为男女爱情的寄情和象征。

二等为金红色珊瑚，俗称"柿子红""樱桃红""夕阳吐金"珊瑚。加工抛光后由于红色中闪耀着金黄色的灵光，给人以富丽堂皇的神圣感觉。因此，古代达官贵人特别喜欢这种光感的典雅高贵。因此，金红色珊瑚也是权贵的象征，精品颇为稀少，价格比较昂贵。

三等为桃红色珊瑚，俗名叫"女儿红""少妇脸""桃花美"珊瑚。桃红色珊瑚是一种比较稀有的宝石，更是艺术家们创造艺术珍品不可多得的珍贵原料。由于成形体积较庞大，质地光滑，以桃红的色感，触发许多艺术家的灵感，从而被制作成大型观赏性较强的艺术品、装饰品，没有什么价格能衡量它的价值。

四等为粉红色珊瑚，俗名叫"婴儿脸""粉底红"珊瑚。这种珊瑚色泽奇异，柔嫩和谐，也是宝玉石中比较稀有的有机宝石。由于它源于自然，给人以天然情趣的美感，并在加工抛光后令人有千娇百媚、美不胜收的艺术享受。

据说这种珊瑚做成首饰后长期佩戴能起到活血醒目、促进体内机能的保健作用。一件粉红色珊瑚精品是极为珍视的无价宝。

五等为白色珊瑚，俗名称"棉花白""寒冬雪"珊瑚。白色珊瑚，由于它洁白

珊瑚坛城

无瑕，亭亭玉立，没有丝毫粉饰和造作，给人以纯真朴实、高贵典雅的自立、自珍、自爱的真、善、美艺术享受。无数的靓男倩女、儒家学者及艺术工匠大师们给予了极高的评价。

最高级的是黑色珊瑚，俗称"海树""夜狸欢""黑宝贝"珊瑚。黑色珊瑚因为色泽凝重、庄严肃穆，令人有古朴浓烈、深沉执着的感觉。并且"黑金"价值高于黄金好多倍。因此，黑色珊瑚也随之备受皇家青睐。

宋代时珊瑚用途相对固定，体型大而完整或外形破损小者，通常作摆件陈设于厅堂之上；残损严重、质次者，取其枝丫制成小件装饰个人。

宋代《玉海》朝贡条中所记载："乾德二年十二月，来自甘州的贡品中有珊瑚玉带。"

珊瑚关公像

古代，珊瑚应是制作穿戴饰物不可缺少的材料。尤其是蒙古、新疆、西藏一带人们的饰物，无不以珊瑚和绿松石、青金石为之。

明代起，皇城中调令专门收藏金珠、玉带、珊瑚、宝石等的仓库。文华殿便是明代的皇家珠宝库。

制作精美的摆件，如明代珊瑚弥勒佛，高8厘米，长17厘米，以珊瑚横卧肖形佛祖弥勒。弥勒佛在大乘佛教经典中又常被称为阿逸多菩萨，是释迦牟尼佛的继任者，将在未来娑婆世界降生成佛，成为娑婆世界的下一尊佛，在贤劫千佛中将是第五尊佛，常被尊称为当来下生弥勒尊佛。被唯识学派奉为鼻祖，其庞大思想体系由无著、世亲菩萨阐释弘扬，深受我国佛教大师道安和玄奘的推崇。

珊瑚佛像

同时，明代珊瑚还加入普通药用，《本草纲目》记载珊瑚有消宿血，为吹鼻止鼻出血，明目镇心，止惊痫，点眼去飞丝发明的作用。

在清代，珊瑚更是应用得非常广泛，服饰制度中规定很多饰物一定要以珊瑚为之。例如皇帝在行朝日礼仪中，经系嵌带版的朝带、戴珊瑚朝珠。

皇太后、皇后在非常隆重的场合要穿朝服时，必须要戴3串朝珠，其左右两串为珊瑚；而皇贵妃、皇太子妃、贵妃以及妃等，除了中央一串为琥珀与太后的东珠有所区别以外，另外两串也是以珊瑚为质材。嫔及贝勒夫人、辅国夫人等，戴在中间的一串朝珠，一定要是珊瑚制成的。

此外，当皇太后及命妇穿朝服时，颈项间要佩饰的领约，也是以镶嵌的珊瑚和东珠数目的多寡，来区别品阶的高低。可见清廷服饰制度中所需珊瑚量是非常大的。

如清盘长缠枝纹鎏金镶珊瑚银冠为蒙古王爷所用之物。

南天竺 我国南方常见的木本花卉种类。枝干挺拔如竹，羽叶开展而秀美，秋冬时节转为红色，异常绚丽，穗状果序上红果累累，鲜艳夺目。夏日雨后盛开的小白花，枝头结满可爱的小圆果，使人忘却了夏日酷暑，小花的馨香解除了烦恼，带来了快乐。

■ 珊瑚锦鲤摆件

清朝官吏实行九品官制，级别大小可以从帽子上不同顶珠来区别：一品用红宝石，二品用珊瑚，三品用蓝宝石，四品用青金石，五品用水晶，六品用砗磲，七品用素金，八品用阴文镂花金顶，九品用阳文镂花顶。这些顶珠不得随意更替，更不得私自改换饰物种类。

《国朝宫史》中记载：乾隆二十六年皇太后七十圣诞，所敬的贡品中就有"玉树珊瑚栀子南天竺"盆景一件。

清代高官和珅富可敌国，作为标志的是家藏16枚约1.3米的红珊瑚，为当时之绝品。

清代官职品级服饰：清代官员穿的官服叫"补服"。补服胸前绣有各式各样的图案。其实，无论文臣武将，穿戴的服饰都有着严格的规定。

至于制度以外的饰物，如簪、斋戒牌、如意以及数珠手串等，都少不了以珊瑚制成，或镶饰珊瑚。其中珊瑚手镯，则是将一段段弧形的珊瑚，精确地榫接起来，再施以彩蜡填补、琢磨、抛光而成。而珊瑚如意则需要较大枝柯的珊瑚原材料来雕琢。

我国清宫中，1835年11月奕纪等奉旨清查圆明园库存物件，珊瑚如意有14件。

在清宫中发现有一件珊

瑚魁星点独占鳌头盆景，雕刻的珊瑚魁星，手执繁丝点翠镶珍珠之北斗星座，站立在以翡翠雕琢成的鳌龙头上，组成魁星戏斗的画面，意寓应试高中，独占鳌头。这种以玉与珊瑚组装成盆景的艺术表现形式比较独特、别致。

另外还有清代中期造办处造珊瑚宝石福寿绵长盆景，通高69厘米，盆高21厘米，盆径27厘米至24.5厘米。铜胎银累丝海棠花式盆，口沿錾铜镀金蕉叶，近足处錾铜镀金蝠寿纹。盆壁以银累丝烧蓝工艺在四壁的菱花形开光中组成吉祥图案。

盆正背两面为桃树、麒麟纹，左右两侧面为凤凰展翅纹。盆座面满铺珊瑚米珠串，中央垒绿色染石山，山上嵌制一棵红珊瑚枝干的桃树，树上深绿色的翠叶丛中挂满各色蜜桃，有红、黄色的蜜蜡果，粉、蓝色的碧玺果，绿色的翡翠果，白色的砗磲及异形

■ 掐丝珐琅福寿珊瑚如意 如意又称"握君""执友"或"谈柄"，由古代的笏和痒痒挠演变而来，类似于北斗七星的形状。明清两代，如意发展到鼎盛时期，因其珍贵的材质和精巧的工艺而广为流行，以灵芝造型为主的如意更被赋予了吉祥驱邪的含义，成为承载祈福禳安等美好愿望的贵重礼品。

红珊瑚挂坠

大珍珠镶制的果实，红、粉、黄、蓝、绿、白相间，五彩缤纷。

此盆景工艺虽银丝已氧化变黑，然而仍不掩其工艺之精湛。盆上桃树景致枝红、叶绿、果艳，玲珑珍奇，璀璨夺目。

清代流行吸鼻烟，因此各种材质的鼻烟壶也应运而生，如铜、玉甚至金银、琉璃等，珊瑚制成的更为珍贵。

清代人视珊瑚为华贵的象征，尤其崇尚红色珊瑚。除了颜色要红以外，珊瑚的整体色泽要鲜艳，色调分布要均匀协调，不可黯涩或有斑点和杂质。

如清红珊瑚鼻烟壶，通高5.8厘米，腹宽4.9厘米，鼻烟壶腹部呈扁状，有浮雕纹饰，翡翠盖子连着竹勺，乃清代中期作品。

珍贵的珠宝

阅读链接

随着医学的发展，人们逐渐发现红珊瑚还具有促进人体的新陈代谢及调节内分泌的特殊功能。因此，有人把它与珍珠一道称为"绿色珠宝"。

可见，古今中外，无论是远古先民，还是当今世人，无论是宫廷朝官，还是平民百姓，他们对红珊瑚都有真挚虔诚的信仰和强烈而独特的偏爱，这一切为红珊瑚文化的传承奠定了丰厚的人文基础。

万年虎魂——琥珀

世上有"千年蜜蜡，万年琥珀"的说法。由此可知琥珀之古老。

距今四五千万年以前的地球上，覆盖着茫茫的原始森林。由于受狂风暴雨摧折，雷电轰击，野兽践踏，树木枝干断裂。其中松科植物断裂的"伤口"处流出树脂，因树脂含有香味便引来许多昆虫，被粘在上面，包裹进去。

若干万年以后，由于地壳构造的急剧运动，大片森林被深埋入地层，树木中的碳质富集起来变成了煤，树脂在煤层中则形成了琥珀化石。

琥珀原石

琥珀，我国古代称为"璧"或"遗玉""兽魂""光珠""红珠"等，传说是老虎的魂魄，所以又称为"虎魄"。而且还根据琥珀的不同颜色、特点划分的

珍贵的珠宝

琥珀秋叶碟

三星堆 我国西南地区的青铜时代遗址，位于四川省广汉南兴镇。三星堆文明上承古蜀宝墩文化，下启金沙文化、古巴国，前后历时约2000年，是我国长江流域早期文明的代表，也是迄今为止我国历史中已知的最早的文明。

《山海经》 我国先秦重要古籍，是一部富于神话传说的最古老的地理书，内容包罗万象，主要记述古代地理、动物、植物、矿产、神话、巫术、宗教等，也包括古史、医药、民俗、民族等方面的内容。

品种为金珀、血珀、虫珀、香珀、石珀、花珀、水珀、明珀、蜡珀、蜜蜡、红松脂等。

在我国远古时，皇亲贵妇们就视琥珀为吉祥之物；新生儿佩戴可避难消灾，一生平安；新人戴上它可永葆青春，夫妻和睦幸福。因为那时人们认为琥珀是"虎毙魄入地而成"，佛教界也视琥珀为圣物。

对于琥珀最早文字记载见于《山海经·南山经》，其载：

> 招摇之山，临于西海之上，丽之水出焉，西流注于海，其中多育沛，佩之无瘕疾……

文中提到海中产琥珀，并且佩戴它可无疾病，表明人们已对琥珀的性质有了一定的了解。育沛也为琥珀的古称，如《石雅》中写道："中国古曰育沛，后称琥珀，急读之，音均相近，疑皆方言之异读耳。"

我国最早的琥珀制品，见于四川省广汉三星堆祭祀坑，为一枚心形琥珀坠饰，一面阴刻蝉背纹，一面

■ 琥珀吊坠

阴刻蝉腹纹。

马王堆墓中裹骸骨的竹席保存完好，但头颅倒置，裹置在席内，还有一只平头鞋却露在席外；发现的殉葬棺，其棺身虽然有一些腐朽，棺内骸骨还没完全化为泥土，在死者手腕西侧发现两枚琥珀珠。

汉代对琥珀的性质有了更深的认识，如王充《论衡·乱龙》记载，"顿牟掇芥"，其中"顿牟"所指"琥珀"，在《周易正义》的疏中也有"琥珀拾芥"的记载，从这些记录可以了解到琥珀具有静电效应已被先民知晓。

汉初陆贾所作《新语·道基篇》中对琥珀的产出状况也有描述："琥珀珊瑚，翠羽珠玉，山生水藏，择地而居，洁清明朗，润泽而濡。"琥珀与珊瑚并列，则说明当时的人认为琥珀与珊瑚一样，都应在水中找寻。

并且汉代多对琥珀的产地进行了记录，如《汉书·西域传上·罽宾国》："出封牛…珊瑚、虎魄、璧流离。"罽宾国为汉代西域国名，在其他后世文献中如《南北朝·魏书》《隋书》等很多文献中都有记录西域产琥珀之说，而且《后汉书》记载："谓出哀牢。"又有《后汉书·西域传》曰"大秦国有琥珀"之说。

■ 琥珀佛像摆件

汉代已有大量的琥珀制品出现，多为饰品，如江苏省扬州市邗江区甘泉东汉墓发现的汉代琥珀制司南佩、江西省发现有汉代琥珀印、琥珀兽形佩等，而且这些琥珀制品的形制，大都是借鉴其他材质的题材。

司南佩是始于汉代的辟邪器物之一，形若工字形，扁长方体，其构造上有勺，下有地盘，中间有穿孔，勺总是指向南方，让人不会迷失方向。

如江苏省扬州市邗江区甘泉东汉墓发现的东汉血红琥珀司南佩，长2.5厘米，内部脂质清晰可见，表面经土沁略为粗糙。"工"字形，为简化司南佩，可以佩挂。

东汉琥珀瑞兽，外形呈伏卧状，圆胖可爱。瑞兽通长5厘米，高3.5厘米，宽3.2厘米，体型之大，在我国已经发现的同类物中属罕见。它的中部还有一穿孔，应该是古人用来穿绳佩戴的。

汉代人在雕刻玉器和琥珀等时，喜欢用外形像"八"字的刀法来雕刻。这种刀法简洁矫健、锋芒有力，后人称为"汉八刀"。这枚琥珀瑞兽也是用"汉八刀"的刀法来雕刻的。

根据颜色，这枚琥珀瑞兽呈红色，晶莹透亮，属珍贵的血珀。

琥珀自古就被视为珍贵的宝物，因为琥珀来自松树脂，而松树在我国又象征长寿。有的琥珀不必点火燃烧，只需稍加抚摩，即可释出迷人的松香气息，

■ 琥珀原料

具有安神定性的功效，被广泛做成宗教器物。

自古中国人就喜爱松香味，视琥珀和龙涎香为珍贵的香料，唐《西京杂记》记载，汉成帝的皇后赵飞燕就是枕琥珀枕头以摄取芳香。

晋代，对于琥珀的形成产生了3种见解。第一种见解如郭璞《玄中记》说道："枫脂沦入地中，千秋为虎珀。"认为是由枫树的树脂落入地中经千年化成琥珀。

■ 琥珀树摆件

张华《博物志》中有两种见解，一为松脂千年入地为茯苓，而后茯苓变为琥珀，如其卷四中引《神仙传》说道："松柏脂入地千年化为茯苓，茯苓化琥珀。"其中，茯苓为寄生在松树根上的菌类植物。

但是此时已对其说法真实性有了怀疑，并提出琥珀可能为燃烧蜂巢而成的看法，说道："今泰山出茯苓而无琥珀，益州永昌出琥珀而无茯苓，或云烧蜂巢所作。"

直至南北朝时期，才出现了关于琥珀成因正确的记载，如梁代陶弘景在《神农本草经集注》中记载："琥珀，旧说松脂沦入地千年所化。"

总体来说，三国、两晋、南北朝时期的琥珀制品延续了汉代的风格，但数量相对于汉代有所减少。多

郭璞 东晋著名学者，既是文学家和训诂学家，又是道学术数大师和游仙诗的祖师。在学术渊源上，郭璞除家传易学外，还承袭了道教的术数学，是两晋时代最著名的方术士，传说擅长预卜先知和诸多奇异的方术。

猪握 猪在我国古人心目中的地位非常高，认为有了猪自然就吃喝不愁，猪越多越好，如此才能人丁兴旺、五谷丰登，所以猪成了财富的一种象征和符号。猪握作为随葬品的一种，大多握在死者的手中，常作为主人拥有财富的象征，一般由玉、石、木等材料制成。

为饰品，但也出现了实用器，如《拾遗记》中说道："或以琥珀为瓶杓。"另外还发现有魏晋双龙纹琥珀雕、琥珀雕猪握等。

琥珀雕猪握为橘红色，长9.5厘米，高3.2厘米，宽2.2厘米。猪握呈长条形，平卧状，形体细长，造型朴拙粗犷，似为漫不经心雕刻而成，但却透着一股灵气，让人喜爱。

猪握，作为随葬品的一种，大多握在死者的手中，常作为主人拥有财富的象征，一般由玉、石、木等材料制成。这件猪握材质为琥珀，在同类器物中较为罕见。

从这件琥珀雕猪握，可以看出魏晋时期的雕刻承袭了汉代人崇尚简洁、粗犷、豪放的风格特点。在造型上，往往以一种大写意手法来刻画形象的动态。

寥寥数刀，一个憨态可掬的卧猪的形象就呼之欲出了，多一刀，嫌过了；少一刀，又不足的感觉。这

■ 叠胜琥珀盒

琥珀蚕蛹

种来自遥远时代的简洁是一种本质上的简洁。

这件器物把琥珀特有的质感特性与异常简洁的整体形象有机结合，使猪握显得雍容大度、古拙耐看。它把猪憨厚、温顺的内在美与琥珀鲜亮光洁的色彩美凝为一体，不失为一件难得的佳作，具有较高的历史价值和艺术价值。

对于它的药效，人们也开始有所认识，如《宋书·武帝纪下》："宁州尝献虎魄枕，光色甚丽。时诸将北征需琥珀治金疮，上大悦，命捣碎以付诸将。"

其实琥珀可以加工成饰物或是念珠之外，慧眼独具的中国人更把琥珀选为一味药材。

南北朝陶弘景所著的《名医别录》，概括了琥珀的三大功效：一是定惊安神，二是活血散瘀，三是利尿通淋。

唐代《杜阳杂编》中记载琥珀可止血疗伤。

《本草纲目》记载："安脏定魂魄，消淤血疗蛊毒，破结痂，生血生肌，安胎……"说的就是琥珀的疗效。

唐朝诗人韦应物对琥珀有这样的描述：

曾为老茯苓，原是寒松液。

蚁蚋落其中，千年犹可观。

■ 精美的琥珀龙

凤纹 在我国传统装饰纹样中有着特殊意义，由原始彩陶上的玄鸟演变而来的，西周基本形象是雄，早期凤纹有别于鸟纹最主要的特征是有上扬飞舞的羽翼。凤作为一种艺术形象，源自最早的图腾崇拜，是氏族社会图腾崇拜的产物。

可见琥珀与我国文化早已结缘，只是由于原料太珍稀和生产工艺的复杂性，导致它无法在我国的饰品文化中占有很大的份额。

唐代，琥珀由于诱人的颜色，晶莹透彻与酒相似，也经常被比喻作为美酒，这也是琥珀常被作为杯子等器皿的原因。

如刘禹锡的《刘驸马水亭避暑》记载："琥珀盏红疑漏酒，水晶帘莹更通风。"李白的《客中行》说道："兰陵美酒郁金香，玉碗盛来琥珀光。"

虽然此时人们对琥珀更加了解，但是唐代琥珀并不多见。现今，唯一发现琥珀的唐代墓葬为河南省洛阳齐国太夫人墓，多为工艺精湛的饰品，如5件梳背中玉质梳背两件，琥珀梳背两件，高浮雕飞凤纹。

至宋代，关于琥珀的记录更加丰富与详细，如梅尧臣的《尹子渐归华产茯苓若人形者赋以赠行》中对琥珀晶莹剔透、可有昆虫包体、静电效应等进行了描述，并且记录了此时琥珀器物多纹饰、珍贵并且价值不菲，写道：

外凝石棱紫，内蕴琼腴白。

千载忽旦暮，一朝成琥珀。

既莹毫芒分，不与蚊蚋隔。

拾芥曾未难，为器期增饰。

至珍行处稀，美价定多益。

人们还用它来祝寿，如张元幹的《紫岩九章章八句上寿张丞相》写道："结为琥珀，深根固柢。愿公难老，受兹燕喜。"香珀的定义也被引入文中，如张洪的《酬答鄱阳黎祥仲》写道："六丁护香珀，千岁以为期。"

而宋代黄休复在《茅亭客话》中，仍然记有老虎的魂魄入地化作琥珀的传说。

明清时期，人们对于琥珀的来源、形成、分类、药效都有了系统的了解，并对如何鉴别琥珀，有了一定的经验。

如明代谢肇淛的《五杂俎·物部四》中记录："琥珀，血珀为上，金珀次之，蜡珀最下。人以拾芥辨其真伪，非也。伪者傅之以药，其拾更捷。"

清代谷应泰在《博物要览·卷

金琥珀山子

八》记载："琥珀之色以红如鸡血者佳，内无损缺及不净粘土者为胜，如红黑海蛰色及有泥土木屑黏结并有莹缛者为劣。"这些关于琥珀分类等的记录，无不反映了当时人们喜爱琥珀的风尚。

除了分级和鉴定，人们已经开始对琥珀进行优化处理，如明末清初的《物理小识·卷七》记载："广中以油煮蜜蜡为金珀。"可知用加热处理来使不透明的蜜蜡变为金珀的方法在清初就已有之，并一直沿用。

总体来说，明清两朝发现的琥珀多为颜色艳丽均匀、质地致密、无杂质的上品，而且此时对于琥珀的加工工艺也更加精湛。

如明代琥珀佩件，直径5.5厘米，边厚0.3厘米，中间厚0.6厘米，雕刻精美，刀法流畅。上有篆刻"通灵宝玉"4字。

明代琥珀弥勒佛摆件，用原色琥珀雕成，高8.5厘米，通体红褐色。弥勒佛席地而坐，开怀大笑，大肚高高隆起，形象生动。其雕工技法娴熟，衣纹线条流畅，通体光亮圆润，有明代风格特征，是一件难得的琥珀佳作。

珍贵的珠宝

琥珀佛像

在黔宁工沐英的十世孙沐睿墓中，发现了明渔翁戏荷琥珀杯，高4.8厘米，琥珀杯选用上等血珀制成，料中间杂黑色条纹，质感透明温润。杯主体分两大部分，杯身呈荷形，杯身一侧浅刻出一只鱼鹰，另一侧雕出荷梗与水草，寥寥数刀便刻画得入木三分，极有韵致。

杯柄为一圆雕的渔翁，渔翁发髻高挽，上身裸露，双臂粗壮有力，身背鱼篓，足蹬高靴，左手紧握一鱼，鱼嘴上昂，似在挣扎呼吸，鱼鳞清晰可辨，一副鲜活的神态。

渔翁的右手紧握杯口，全身呈侧倚状，双眼直视前方正开怀大笑，其面部表情刻画得惟妙惟肖，生动传神。此杯构思奇巧，雕琢精妙，融写实性与艺术性于一身，代表了明朝杰出的琥珀工艺水平。

特别令人称绝的是其面部表情的刻画，渔翁双眼微眯，大嘴咧开，正发出会心的笑声，是捕到鱼后的兴奋与满足，抑或是水上生涯的惬意与陶醉？给人以无穷的艺术遐想。

琥珀杯的作者正是抓住渔翁面部一瞬间的神态来渲染整体艺术效果的，作者甚至连渔翁的眉毛、眼睛都刻画得惟妙惟肖，真正起到了"点睛"的作用。

而斜倚的造型、有力的身躯、生动的表情、灵巧的腿脚，迸发出勃勃的生机，显示出强烈的动态美。同时，斜倚着的渔翁不仅是琥珀杯的传神之处，而且还作为琥珀杯的把手来作用，这又不由得不令人佩服作者的匠心独运、构思奇巧了！

同墓中还发现了金链琥珀挂件。一块水滴状琥珀上系一条金链，琥珀质地纯净，内有两个天然气泡，匠师在琥珀外壁处依照气泡之形阴线勾出两只仙桃，衬以枝叶。并在反面阴刻行书"瑶池春熟"4字。

清代琥珀的使用范围远较明代以及之前的任何历史时期普遍。尤

琥珀挂坠

琥珀卧佛像

其是康乾盛世之时。

如清琥珀寿星，长5厘米，寿星屈膝盘腿而坐，头呈三角，天庭饱满，前额刻3条细纹，笑颜长须，右手持灵芝，左手平放，下端饰有草叶及一水禽。全器色泽半透明红色，雕工尚称细腻。

清琥珀刻诗鼻烟壶，通高6厘米，口径1.2厘米，足径1×2.8厘米。鼻烟壶琥珀质，酒红色，透明，呈扁方形。壶体两面雕刻楷书乾隆御题七言律诗一首：

城上春云覆苑墙，江亭晚色静年芳。

林花著雨燕脂湿，水荇牵风翠带长。

龙武亲军深驻辇，芙蓉别殿漫焚香。

何时诏此金钱会，暂醉佳心锦瑟房。

末署"乾隆甲午仲春御题"。壶顶有蓝色料石盖，下连牙匙，底有椭圆形足。烟壶内还有半瓶剩余的鼻烟。

另有一件清代琥珀鼻烟壶颜色非常少见，琥珀为半透明深红色与赭色相间，有赭斑。器做扁圆形小瓶，平口，短颈，硕腹，浅圈足。

珍贵的珠宝

全器光素无雕纹。有珊瑚顶白玉小盖，无塞及小匙。全高9.1厘米，宽5.5厘米，厚3.8厘米。

朝珠源自数珠，是清代君臣、后妃、命妇穿着朝服或吉服时，垂挂在胸前象征身份地位的饰物。配挂时背云垂在背后，男子将两串记捻垂在左边；另一串在右边，女子则反之。

在清代虽然琥珀稀少，但也有用于制作的。如清代金珀朝珠，珠径1.38厘米，此盘朝珠由108枚金黄色透明的琥珀串成，每27颗间一枚翡翠佛头，顶端除有佛头外，还有佛头塔、碧玺背云及坠角，另附3串各由10枚珊瑚珠和碧玺坠角组成的记捻。

清代刻花琥珀小盒显得小巧而精致，琥珀为暗红色泽，可透光。全器做椭圆形，盖与器身略相等，盖面有相对之蝴蝶纹，盖沿与器壁则饰内勾之几何纹。高2厘米，长5.1厘米，宽3.6厘米。

晚清时期琥珀鼻烟壶，全高6.43厘米，宽5.75厘米，厚3.55厘米。琥珀，不透明橙红色。器做扁圆形小瓶，平口，短颈，硕腹，浅圈足。全器光素无雕纹。无盖。

晚清时期宫廷与富贵人家喜欢陈设琥珀雕观世音像，以持荷立像和坐莲像较多。钟馗捉鬼像、八仙像、刘海戏蟾像及寿星公像，雕工精细，神态与衣饰和福建寿山石雕及翠玉雕者十分相近，可说如一脉相承。

究其原因，可能那时专雕琥珀件的名家甚少，故大多数兼雕不同的材料，其中一些原本主雕玉石像或者寿山石像。

琥珀老寿星摆件

琥珀葫芦摆件

如琥珀雕和合二仙小摆件，高约6.5厘米。为晚清时期名家所雕。清代雍正时，以唐代诗僧"寒山，拾得"为和合二圣。

相传两人亲如兄弟，共爱一女。临婚寒山得悉，即离家为僧，拾得也舍女去寻觅寒山，相会后，两人俱为僧，立庙"寒山寺"。

世传之和合神像也一化为二，然而僧状，尤为蓬头之笑面神，一持荷花，一捧圆盒，意为"和（荷）谐合（盒）好"。婚礼之日必挂悬于花烛洞房之中，或常挂于厅堂，以图吉利。

阅读链接

琥珀，在我国的历史源远流长，一度是财富和地位的象征，为皇家贵族所使用。

琥珀作为佛教七宝之一，随着宗教文化市场的盛行，吸引了大量收藏者，使其价格一路上涨。近几年，由于人们对于琥珀的文化和特性的深入了解和抚顺琥珀矿的资源匮乏，使其价格再创新高。相信这种具有丰富色彩、悠久文化、安神药效的有机宝石，在未来会更加受到欢迎和重视。